사랑하는 아이

.... 에게 들려주는

부모 .... 의 예쁜 말

♥

읽고 쓰기 시작한 날   .   .
_____

다 읽고 쓴 날   .   .
_____

김종원

100만 독자가 사랑하는 자녀교육 멘토. 20여 년간 인문학 연구와 실천으로 몸소 깨달은 말의 힘과 삶의 지혜를 전하는 책을 쓰고 강연을 한다. 유아부터 성인에 이르기까지 다양한 독자를 위해 글을 써오면서 '부모의 인문학적 소양이 아이의 인생을 결정한다'는 사실을 누구나 실천할 수 있도록 필사의 중요성을 널리 알리고 있다.

이 책은 아이들과 부모에게 필사 열풍을 일으킨 그림책《나에게 들려주는 예쁜 말》의 부모용 저서로, '예쁜 말 수업'과 함께 예쁜 말을 직접 낭독하고 필사할 수 있도록 구성되어 있다. 필사하며 마음에 담은 부모의 예쁜 말은 자연스레 아이에게 전해져, 부모의 소중한 실천이 아이의 기적이 되는 순간을 경험할 것이다.

저서로는《부모의 말》《내 아이를 위한 30일 인문학 글쓰기의 기적》《부모 인문학 수업》《아이를 위한 하루 한 줄 인문학》등 100여 권이 있다.

작가와 더 많은 이야기를 나누고 싶으시다면

인스타그램

김종원 작가의
생각 공부

김종원의
기적의 필사법

아이와 하루 5분
필사 밴드

카카오톡채널

페이스북

네이버 블로그

◆아이에게 들려주는◆

부모의 예쁜 말 필사 노트

김종원 지음

부모의 예쁜 말은
아이의 삶에
기적을 창조합니다

혹시 최근 잔뜩 화가 나서 아이에게 이런 말을 했던 적이 있나요?

"빨리 나가지 않고 뭘 하고 있어!"

"말 좀 그만해. 좀 조용히 먹자."

"너무 늦었잖아! 안 된다고 몇 번을 말해!"

"넌 도대체 몇 번을 말해야 알아듣니?"

"잘하는 게 그렇게 힘드니!"

어떤가요? 읽기만 해도 가슴이 답답해지는 말입니다. 늘 후회하면서도 가정에서 자주 쓰는 말이죠. 아이를 기르면서 가장 슬플 때는, 어린 시절 그렇게 원망했던 부모님과 같은 방식으로 아이를 키우는 내 모습을 발견할 때입니다. 물론 사는 게 힘들고 지쳐서 그렇지만, 나는 절대로 그렇게 하지 않겠다고 다짐하고 또 다짐했는데 말입니다.

제가 어렸을 때에는 부모님을 보며 이런 생각을 했지요.

"조금만 더 따뜻하게 말해 주시면 좋을 텐데."

"왜 우리 부모님은 예쁘게 말해 주지 않는 걸까?"

그러나 그때 그 마음을 다 잊고 아이에게 '말로 주는 상처를 대물림' 하는 내 모습을 보면, 아이에게 미안해서 가슴이 찢어질 듯 아픕니다.

'정말 나는 그렇게 살지 않겠다고 다짐했는데.'

'다정하고 예쁜 말만 하는 부모가 되고 싶은데.'

'나는 또 이렇게 상처만 주는 말을 하고 있네.'

가끔 늘 이런 생각도 듭니다.

'딸(아들)로 사는 건 어렵지 않았는데, 딸(아들)을 기르는 부모로 사는 건 왜 이렇게 힘든 걸까.'

부모가 된 후에야 우리는 부모라는 이름의 무게를 느낍니다. 이렇게 부모로서 고민이 가득할 때 필요한 게 바로 '하루 한 장 필사'입니다. 가정을 위한 모든 메시지를 농밀하게 담아 쓴 《아이에게 들려주는 부모의 예쁜 말 필사 노트》로 필사를 시작해 보세요. 이런 변화를 체감할 수 있을 겁니다.

1 모든 상황에서 자신감이 생긴다.

2 차분한 감정을 한결같이 유지할 수 있다.

3 마음이 통하는 대화를 나눈다.

4 스스로 듣기에도 예쁜 말을 한다.

5 아이와 서로의 감정을 이해한다.

아이에게 마음을 예쁘게 표현하고 싶은데 마음처럼 되지 않는 이유는, 아이를 사랑하지 않거나 마음속에서 꺼내지 못하는 것이 아니라, 그런 언어가 내 안에 없기 때문입니다. 나 자신도 평생 부모님께 들어 본 적이 없는 말이니까요.

하지만 '논리에 맞는 정답'이 아닌, '마음에 맞는 말'을 들려준다는 생각으로 매일 필사를 하면 기적과도 같은 변화가 일어날 거예요. 《아이에게 들려주는 부모의 예쁜 말 필사 노트》를 통해 다정하고 예쁜 말을 내면에 가득 담아, 필요할 때마다 꺼내 아이에게 들려주시길 바랍니다.

부모가 가진 언어의 한계는,
아이가 살아갈 세계의 한계를 결정합니다.
부모의 언어는 작은 아이도 크게 만들 수 있지만,
반대로 큰 아이도 작게 만들 수 있습니다.

2024년 11월
김종원

차례

5장 지성과 인성을 키우는 방법
부모의 시작은
아이에게 기적의 시작이다

부모의 예쁜 말,
읽고 쓰면서 마음에 담아
아이에게 들려주세요

❶ 부모의 예쁜 말 수업

부모가 일상에서 깨닫고 실천해야 할 '부모의 예쁜 말 수업'이 5개의 장으로 마련되어 있습니다. 아이의 생각과 재능을 깨우고 내면을 단단하게 길러 주려면 어떻게 해야 할까요? 더불어 지성과 인성을 키워 삶을 긍정적으로 바라보게 하려면 부모로서 어떤 자세와 태도를 갖추어야 할지 읽으면서 생각해 보세요.

아이가 살아갈 무대를 바꾸는
부모의 말

평소에는 그다지 큰 소리를 내지 않지만, 조금만 화가 나도 목소리가 커지는 부모가 있습니다. 마음을 말로 표현하는 데 익숙하지 않다 보니 사람들과 관계를 맺을 때도 마음과 다르게 표현할 때가 많지요. 당황했는데 화를 낸다거나, 고맙다는 말을 하고 싶은데 하지 못하고 도리어 무뚝뚝하게 말하는 것이 그 예입니다. 보통 자기도 모르게 화를 내기 일쑤이고, 도리어 오해를 사기도 하지요.

문제는 여기에서 그치지 않아요. 목소리가 커지면 행동이 과격해지고, 그 사람이 머무는 공간의 공기까지 삭막해집니다. 중요한 사실은 그런 부모와 함께 지내는 아이들도 점점 자신의 부모를 닮아간다는 것이지요.

실제로 조금만 분노해도 목소리가 갑자기 커지는 부모

와 사는 아이들은 점차 다음과 같은 모습을 보입니다.

1 차분하게 무언가를 관찰하지 못한다.
2 늘 불안한 상태라서 마음이 급하다.
3 따뜻한 마음이 전혀 느껴지지 않는다.
4 타인에 대한 이해도가 매우 떨어진다.
5 냉정하고 때로 잔인한 모습을 보인다.

이런 상태가 지속된다면 당연히 밝고 예쁘게 자랄 수 없겠죠. 지금도 늦지 않았으니 다음 장의 예쁜 말을 아이에게 들려주며 가정의 분위기를 밝고 화사하게 바꿔 주세요. 부모의 말을 바꾸면, 아이가 살아갈 무대도 바뀝니다.

13

② 예쁜 말 필사 노트

부모가 하는 말의 중요성을 깨달았다면, 이제 아이에게 어떤 말을 들려 줘야 할지 입으로 낭독하고 직접 손으로 필사하며 마음에 담을 차례입니다. 잘못된 대화 습관을 바꾸고, 예쁜 말을 익히며 아이의 반응을 적는 지면까지 다양하게 구성했습니다. 예쁜 말 필사 노트 지면을 활용해 입에서 예쁜 말이 자연스레 나올 때까지 암기할 정도로 읽고 써 보세요.

❸ 나를 돌아보는 시간 | 아이와 함께하는 하루

필사로 익힌 부모의 예쁜 말을 아이에게 들려주며 아이가 어떤 반응을 보였는지, 아이의 마음을 헤아리며 기록해 보세요. 매일매일 아이와 나누었던 대화를 떠올리며 마음에 걸렸던 표현이 있는지 돌아볼 수 있어서, 아이와 함께하는 내일을 아름답게 바꿀 수 있습니다.

◆ 나를 돌아보는 시간 ◆
아이가 곁에 있을 때, 어떤 말을 했나요? 아이에게 했던 말 중에 마음에 걸리는 표현이 있는지 돌아보고, 어떻게 바꾸어 말할지 함께 써 보세요.

오늘 아이에게 했던 말

내일 아이에게 들려주고 싶은 말

◆ 아이와 함께하는 하루 ◆
책을 읽으면서 지금까지 아이에게 꼭 들려주고 싶은 예쁜 말이 있다면 무엇이있나요? 다시 한번 떠올리며 적어 보세요. 그런 후에는 꼭 직접 아이에게 예쁜 말을 전해 보고 아이의 반응도 함께 적어 보세요.

부모의 예쁜 말

아이의 반응

1

아이의 생각과 재능 깨우기

아이가 살아갈 무대가
빛이 나려면
어떻게 해야 할까

아이가 살아갈 무대를 바꾸는
부모의 말

평소에는 그다지 큰 소리를 내지 않지만, 조금만 화가 나도 목소리가 커지는 부모가 있습니다. 마음을 말로 표현하는 데 익숙하지 않다 보니 사람들과 관계를 맺을 때도 마음과 다르게 표현할 때가 많지요. 당황했는데 화를 낸다거나, 고맙다는 말을 하고 싶은데 하지 못하고 도리어 무뚝뚝하게 말하는 것이 그 예입니다. 보통 자기도 모르게 화를 내기 일쑤이고, 도리어 오해를 사기도 하지요.

문제는 여기에서 그치지 않아요. 목소리가 커지면 행동이 과격해지고, 그 사람이 머무는 공간의 공기까지 삭막해집니다. 중요한 사실은 그런 부모와 함께 지내는 아이들도 점점 자신의 부모를 닮아간다는 것이죠.

실제로 조금만 분노해도 목소리가 갑자기 커지는 부모

와 사는 아이들은 점차 다음과 같은 모습을 보입니다.

1 차분하게 무언가를 관찰하지 못한다.

2 늘 불안한 상태라서 마음이 급하다.

3 따뜻한 마음이 전혀 느껴지지 않는다.

4 타인에 대한 이해도가 매우 떨어진다.

5 냉정하고 때로 잔인한 모습을 보인다.

이런 상태가 지속된다면 당연히 밝고 예쁘게 자랄 수 없겠죠. 지금도 늦지 않았으니 다음 장의 예쁜 말을 아이에게 들려주며 가정의 분위기를 밝고 화사하게 바꿔 주세요. 부모의 말을 바꾸면, 아이가 살아갈 무대도 바뀝니다.

◆

네가 행복하면
우리도 행복해.

———

참 신기하지? 네가 웃으면,
나도 저절로 웃음이 난단다.

———

모든 일은 결국 다 잘될 거야.
엄마 아빠가 그렇게 믿으니까.

———

좋은 생각을 하면
좋은 소식이 찾아와.

◇

아이에게 책을 읽어 줄 때
'이 질문' 하나만 던지면

어린 시절 제 어머니와 나눈 수많은 추억 중 가장 기억에 남는 장면이 하나 있습니다. 이유는 간단해요. 그 정도로 강렬한 순간이었기 때문입니다. 그 순간이 지금의 저를 만들었다고 볼 수 있죠. 사실 저는 독서와 글쓰기를 그리 좋아하거나 잘하는 아이는 아니었습니다. 하지만 어머니는 그런 저를 한마디 말로 순식간에 바꿔 주셨죠.

하루는 어머니와 함께 책을 읽고 있었습니다. 그런데 그 날은 조금 달랐어요. 평소와는 달리 가장 흥미로운 부분에서 책을 덮고 이렇게 질문하셨죠.

"종원아, 네가 작가라면 다음 이야기를 어떻게 쓸 것 같아?"

당연히 저는 이렇게 답했어요.

"에이. 나는 작가도 아닌데, 그걸 어떻게 해요."

그러자 어머니께서 말씀하셨습니다.

"작가는 대단한 사람이 아니야. 자신이 생각한 것을 말할 수 있다면 누구든 작가가 될 수 있어."

아이와 수많은 책을 함께 읽었지만 아무런 변화가 없는 이유는 그냥 읽기만 했기 때문입니다. 제대로 읽으려면 반드시 중간에 멈추고 아이에게 질문하며 생각에 자극을 줄 수 있어야 합니다. 생각하지 않는 독서는 그냥 사라지는 시간일 뿐입니다.

'네가 작가라면 다음 이야기를 어떻게 쓸 것 같아?'라는 질문을 받은 아이는 그제야 생각이라는 걸 시작하죠.

이때 아이의 뇌에서는 어떤 활동이 이루어질까요? 다음 8가지 사항을 기억해 주세요.

1 그동안 읽은 내용을 돌아본다.

2 기억에 남은 부분을 찾는다.

3 찾은 부분을 기준으로 삼는다.

4 그 기준을 통해 다음 이야기를 구상한다.

5 서로 다른 이야기의 연결 고리를 찾는다.

6 찾은 연결 고리를 통해 이야기를 완성한다.

7 완성한 이야기를 부모에게 말로 설명한다.

8 설명하면서 스스로 이미지를 허공에 그린다.

이런 과정을 통해 아이는 책 한 권을 온전히 자신의 것으로 만들면서 자신을 구성하는 모든 지적 장치에 시동을 걸고 더욱 발전시킵니다. 중간중간 이런 말로 그 가치를 아이에게 전할 수 있다면 더욱 좋습니다.

6가지 말을 모두 필사하며 부모의 예쁜 말로 만들어 보세요.

누구든 작가가 될 수 있지.

작가는 그저 쓰는 사람이란다.

네가 쓴 글을 보면

정말 특별하고 멋져서

엄마는 가끔 깜짝 놀라.

글은 마음에서 나오는 거야.

그러니 누구든 작가가 될 수 있지.

'내가 작가라면 어떻게 썼을까?'

이 생각으로 책을 읽으면 더 재미있게 읽을 수 있어.

생각한 것을 글로 쓸 수 있다는 건
정말 멋진 일이야.

네가 가진 좋은 마음을
글로 쓰면 좋은 글이 되는 거야.

부정어 대신 긍정어를 쓰면
아이의 세계가 다채로워집니다

부정어를 넣어 말하는 것은 습관이라서 더 문제입니다. 자꾸 쓰면 나중에는 익숙해져서 왜 그게 나쁜 영향을 미치는지조차 인식하지 못한 채로 사용하지요. 우리 지금부터 바꾸기로 해요. 여러 부정어를 긍정어로 바꿔 사용하면, 아이의 생각을 좀 더 섬세하게 자극할 수 있습니다.

다음은 부정어를 긍정어로 쉽게 바꾸는 3가지 기본 공식입니다. 잘못된 습관을 쉽게 바꾸는 방법이니 암기해 주세요.

안 돼. → 돼.

못 해. → 하자.

불가능해. → 할 수 있어.

이번에는 긍정어를 빈칸에 쓰면서 외워 보세요.

안 돼. →

못 해. →

불가능해. →

긍정어가 아이의 생각을 자극하는 이유는 매우 간단합니다. 부모의 긍정어 자체가 오랜 생각 끝에 나온 귀한 말이기 때문입니다. 부모의 생각이 녹아 있으니 그게 아이의 생각을 자극하지 않을 수 없는 거죠. 부모가 사랑을 담아서 한마디를 들려주면, 아이라는 하나의 세계가 더욱 다채롭게 바뀝니다. 이제 필사로 한번 그 느낌을 간직해 보세요.

너는 너무 어려서

그걸 할 수 없어.

→ 잘 하려면 시간이

조금 더 필요해.

손으로 국수를

먹으면 안 되지!

→ 젓가락을 쓰면 좀 더

청결하게 국수를 먹을 수 있어.

네가 너무 시끄럽게 굴어서

저 식당 출입이 불가능한 거야.

→ 네가 조금만 조용히 해 줄 수 있다면,

저 식당에 들어갈 수 있어.

글쓰기에 재능이 없던 아이를
작가로 키운 한마디

사람들은 생일이나 각종 기념일에 소중한 사람에게 선물을 주고는 합니다. 그런데 저는 초등학교 시절에 할머니에게 매우 의미 있는 말 한마디를 들었어요. 선물보다 더 중요한 것을 깨닫게 하는 말이었지요. 당시 저는 독서나 글쓰기에 큰 재능이 없는 아이였는데, 할머니의 말씀을 듣고 난 후 글쓰기와 독서를 사랑하는 사람으로 성장하는 계기가 되었습니다.

그날도 마찬가지였어요. 저는 생일을 맞이한 친구에게 줄 선물을 골라서, 그대로 포장해서 전하려고 했죠. 그때 할머니는 인자한 표정으로 이렇게 말씀하셨습니다. 이 말을 필사해 보면, 어떤 말이 아이의 마음에 닿을 수 있는지 좀 더 분명히 깨달을 겁니다.

사랑하는 손자, 혹시 카드나 편지도 썼니?

선물을 줄 땐 꼭 짧게라도 편지를 써야 한단다.

선물은 물건이고 편지는 마음이지.

물건만 주면 의미가 없어.

왜 그 선물을 주는지, 네 마음을 편지로 써서 전해야

비로소 선물을 줬다고 말할 수 있지.

마음까지 전해야 한다는 사실을 꼭 기억하렴.

그래야 서로가 소중해져.

할머니의 한마디 말은 제가 글쓰기 인생을 시작하는 디딤돌이 되었습니다. 어렸지만 느낀 바가 있었기 때문이죠. 물건을 주는 것보다 중요한 건 그 물건에 담은 마음을 표현하는 것이며, 그 마음이 전해져야 비로소 선물을 온전히 줬다고 할 수 있는 거였죠. 그날 이후로 저는 짧게라도 카드를 써서 선물을 전했습니다. 처음부터 갑자기 긴 편지를 쓰기는 힘드니 내용이 짧은 카드부터 썼던 것입니다.

되는 방법을 찾으면 여기저기에 가득합니다. 반대로 안 되는 이유를 찾으려고 하면 그것도 여기저기에 가득하죠. 여러분은 지금까지 무엇을 찾고 있었나요? 이렇게 카드나 편지를 써서 물건에 담은 마음을 표현하는 것만으로도 아이를 쓰게 만들 수 있고, 읽게 만들 수도 있습니다. 그것도 강제가 아닌 스스로 말이죠.

제가 소개하는 말을 아이에게 자주 들려주면 글을 쓰지 않는 아이를 조금씩 '쓰는 사람'으로 바꿀 수 있습니다.

뭐든 지금 생각나는 것을 일단 쓰면 되는 거야.
생각을 그대로 종이에 옮긴다고 생각하면 돼.
느려도 괜찮아. 속도는 하나도 안 중요해.
세상에 틀린 글은 없어. 단지 생각이 다를 뿐이야.
아무 생각이 나지 않으면, 그 마음을 글로 쓰면 돼.

아무도 네가 쓴 글에 점수를 정하거나 평가하지 않을 거야.

글을 쓰지 않는 하루는 사라져.

글로 남겨야 하루를 기억할 수 있단다.

똑소리 나는 야무진 아이가
부모에게 자주 들었던 예쁜 말

그냥 딱 보기만 해도 내일이 기대되는 아이가 있습니다. 보고 있으면 생각하는 게 다르고, 판단하는 능력과 행동으로 옮기는 능력 등 모든 것이 마치 다른 차원에 있다는 생각이 들지요. 사실 대부분의 부모가 자기 아이를 그렇게 키우고 싶어 합니다. 하지만 딱히 방법이 무엇인지는 알지 못합니다.

비결은 말에 있습니다. 똑소리 나는 야무진 아이들은 다음과 같은 예쁜 말을 어릴 때부터 자주 듣고 자라지요. 어릴 때 들려줘야 더욱 효과가 좋으니 지금 당장 시작해 보세요.

여러 예쁜 말 중 가장 중요한 말을 소개합니다. 먼저 아이의 존재가 부모에게 아주 소중하다는 사실을 알려 주는 것이 좋습니다.

네가 내 아이라서
엄마는 정말 행복해.

잘 잤니? 네가 있어서
더 행복한 아침이야.

언제나 너를 믿고
사랑하고 응원한단다.

◆

끝까지 멋지게 해냈네. 정말 잘했어.
엄마(아빠)도 더 노력해야겠다.

───

마음이 힘들면 잠시 울음을 멈추고
왜 힘든지 네 마음을 설명해 줘.

───

밤에 잠드는 시간은
하루의 마지막 장면이야.
우리 마지막 장면을
서로 웃으며 행복하게 찍자.

◇

서로 좋은 기분을 지키면서도
아이를 지혜롭게 혼내는 법

아이는 처음 해 보는 게 많습니다. 그래서 자주 실수를 하고 실패도 합니다. 머릿속에서는 그 모든 것이 성장하는 과정이라고 생각하지만, 부모도 결국 사람이라 그럴 때마다 분을 참지 못하고 이렇게 화를 내지요.

"내가 너 그럴 줄 알았지."
"조심하라고 몇 번을 말했어!"

사실 이 정도면 많이 참고 나온 말이라고 할 수 있어요. 속은 정말 부글부글 끓고 있으니까요. 하지만 이런 최악의 순간도 아이 성장에 도움이 되는 좋은 계기로 활용할 수 있습니다. 아주 간단한 방법입니다.

혼을 내면서도 동시에 부모와 아이 모두 좋은 기분을 유지할 수 있으니, 다음과 같은 표현을 좋은 마음으로 활용하시면 됩니다.

너 에디슨 같아.

너 세종대왕 같아.

너 손흥민 선수 같아.

'이게 대체 무슨 말이야?'라고 생각하는 분들도 계실 겁니다. 설명하면 이렇습니다. 우리는 보통 위대하거나 유명인들의 좋은 부분만 알지만, 자세히 살펴보면 단점도 있다는 사실을 알 수 있습니다.

손흥민 선수는 어렸을 때부터 자기 마음대로 되지 않을 때 눈물을 자주 흘렸습니다. 이 버릇은 커서도 고쳐지지 않아서 지금도 가끔 경기에서 우는 모습을 볼 수 있지요. 발명왕 에디슨은 워낙 잘 알려졌듯이 어렸을 때 호기심에 엉뚱한 행동을 자주 했고, 성군의 대명사 세종대왕은 운동을 거의 하지 않고 육식을 즐겨서 '걸어 다니는 종합병원'이라고 불릴 정도로 비만이었습니다.

그러니 아이가 일상에서 단점을 보이더라도, 오히려 아이의 행동에 위인들의 모습을 빗대어 말해 주세요. 기분 상하지 않게, 그러나 아이가 자기 행동을 분명히 인식할 수 있게 이렇게 말하는 것이지요.

호기심에 엉뚱한 행동을 할 때,
"너 에디슨 같아."

운동은 안 하고 먹기만 할 때,
"너 세종대왕 같아."

자주 울고 지기 싫어 고집 부릴 때,

"너 손흥민 선수 같아."

물론 이렇게 생각할 수도 있습니다. 부정적인 모습만 강조하는 게 아닐까? 부정적인 이미지만 남는 게 아닐까?

그런데 이렇게 건네는 말은 아이에게 긍정적으로 작용하는 효과가 더 큽니다. 일단 잔소리가 아니라서 좋습니다. 아이는 결국 실수를 통해서 성장하는데, 그때마다 앞서 언급한 것처럼 "내가 너 그럴 줄 알았어!", "조심하라고 몇 번을 말했니!"라고 혼내면 화를 내는 부모도 기분이 나쁘지만, 아이도 잔소리로 듣고 사이만 더 멀어집니다.

반면 이런 방식으로 부모와 아이 모두가 아는 사람을 통해서 가볍게 잘못한 행동을 언급하고 지나가면, 스스로 자기 행동을 되돌아보며 생각할 수 있지요. 또한 아이의 생각이 깊어지면 이렇게 역으로 생각해서 자신의 단점을 좋게 활용할 방법을 구상할 수도 있습니다.

"호기심으로 엉뚱한 행동을 한 덕분에 에디슨은 발명왕이 되었어. 지기 싫어하는 강한 고집 덕분에 손흥민은 최고의 축구 선수가 되었고, 세종대왕은 운동을 싫어하는 성향 덕분에 책을 더 많이 읽을 수 있었지."

이때 아이가 세종대왕을 언급하며 운동하지 않을 핑계로 사용할 수도 있습니다. 하지만 반대로 '독서'의 기회로 활용할 수도 있다는 사실을 기억해 주세요.

이렇게 생각하는 아이는 세상에 결코 나쁘기만 한 건 없다는 사실을 깨닫고, 버릴 건 버리고 남길 건 남기면서 더 멋지게 성장합니다. 아이에게 생각할 기회를 주면서 동시에 자신에게 있는 장점들을 멋지게 활용할 수 있게 해 주는 좋은 방법인 셈이죠. 아이를 혼내지 않고 키울 수는 없습니다. 하지만 잔소리로 그친다면 혼을 낸 의미가 없죠.

이렇게 부모가 자신의 말을 조금만 바꿔서 말하면, 아이는 혼나는 순간 도리어 자기 생각을 확장할 수 있습니다. 늘 기억하세요. 서로 기분 상하지 않게, 그러나 깊이 생각할 수 있게 말하고 대화하는 것이 아이 교육에 가장 효과적인 방법입니다.

아이의 두뇌 성장을
최대로 자극하는 부모의 말

공부를 잘하기 위해서 중요한 것은 무엇일까요? 높은 지능이라고 생각할 수도 있습니다. 하지만 그보다 더 중요한 게 있습니다. 아이가 삶의 곳곳에서 자신이 배운 지식과 생각을 적절하게 활용할 수 있도록 도와주는 것입니다. 그래야 아이가 최대치로 성장한 자신의 두뇌를 최대한 활용할 수 있지요.

특히 4~7세 사이는 아이 두뇌가 더욱 활발하게 성장하는 시기입니다. 두뇌가 성장하는 만큼 아이가 자신의 가치를 끌어올릴 수 있습니다. 결정적인 시기에 아이의 삶에 빛이 되는 말을 뒷장에 소개합니다. 필사하며 마음에 담았다가 아이에게 건네 주세요.

◆

너는 우리에게 온
가장 소중한 사람이야.

———

속도는 중요하지 않아.
우리는 너의 방향을 믿어.

———

잘해도, 못해도 괜찮아.
우리는 늘 널 응원한단다.

———

우리 아이는
참 생각도 예쁘다.

◇

아이가 문제 상황을
스스로 극복하도록 도와주려면

　7세 이하의 아이들은 처음 만나는 장면이 매우 많습니다. 새로운 음식을 식탁에서 처음 보고 멀리하기도 하고, 친구들과 함께 놀다가 다툼이 벌어지는 상황에 어쩔 줄 몰라 하기도 합니다. 경험이 많지 않기 때문에 순간순간 어떻게 생각하고 반응해야 할지 모르는 경우가 대부분이죠.

　그럴 때 아이가 스스로 자신에게 주어진 상황을 극복할 수 있도록 도와줄 수 있는 말을 소개합니다. 크게 9가지 상황으로 구분해서 자세하게 설명했으니 상황에 맞게 적절히 활용해 주세요.

도전 앞에서 망설일 때

세상에는 마음처럼

되지 않는 일도 있어.

실패하고 실수해도 괜찮아.

엄마(아빠)는 그런 너도 사랑하니까.

늦잠을 자거나 잘 일어나지 않을 때

조금 서두르면

우리의 아침이 좀 더 상쾌해질 수 있어.

엄마(아빠)도 너랑 노는 게 좋아.

하지만 때를 지키는 것도 중요해.

식탁에서 다양한 문제가 있을 때

김밥에서 당근이 싫으면 빼 줄게.

그러면 맛있게 먹을 수 있지.

방법은 늘 찾으면 있어.

그래도 이건 꼭 먹어야 해.

네 몸이 그걸 원하고 있거든.

핸드폰은 잠시 내려놓자.

먹을 때는 먹는 것만 생각하는 거야.

지나치게 내면이 움츠러들고 주눅 들 때

그건 네가 미안할 일이 아니야.

배우면 되는 거야.

그게 네 마음이라면 자신 있게 말해도 괜찮아.

세상에 틀린 마음은 없으니까.

넌 그런 점이 참 좋아.

너라서 더 특별하게 느껴져.

말을 거칠고 못되게 할 때

우리 좀 더 예쁘게 말하자.

거친 말은 우리에게 어울리지 않아.

네가 다정하게 말하면

엄마가 훨씬 듣기 좋을 것 같아.

어려운 일 아니야.

고칠 수 있는 건 고쳐 보자.

말을 듣지 않고 자기 주장만 할 때

네 말도 물론 맞아.

하지만 엄마 말도 참고해 주렴.

의견을 조율할 수 있어야

하루를 좀 더 예쁘게 보낼 수 있어.

소리만 지른다고 가질 수 있는 건 아냐.

잘 설명해 줘야 이해가 가능하지.

친구와의 관계에서 어려움을 겪을 때

늘 사이좋게 지낼 수는 없어.

다툰 이유가 뭔지 한번 생각해 보자.

바꿀 수 있는 건 바꾸자.

하지만 무리해서 친구에게 맞출 필요는 없어.

넌 어떻게 생각해?

그렇게 생각하는 이유가 있니?

승부나 결과에 너무 집착할 때

잘해서 이기는 것도 좋지만,

실수하지 않은 것만으로도 대단해.

이길 수도 있고 질 수도 있어.

중요한 건 네가 노력한 시간은

사라지지 않는다는 사실이야.

뭐가 생각대로 되지 않았니?

우리 다음에 더 멋지게 해 보자.

시작만 하고 끝내지 못할 때

이번에는 지난번보다 좀 더 오래 했네.
점점 나아지는 네가 대견하다.

넌 끝까지 못하는 게 아니야.
단지 관심사가 다양할 뿐이지.

엄마(아빠)는 네가 무언가에 집중할 때
그 모습이 그렇게 멋지더라.

'하고 싶은 일'이 아닌
'지금 할 수 있는 일'

"넌 꿈이 뭐야? 앞으로 뭘 하고 싶어?"

보통 아이들에게 이런 질문을 합니다. 하지만 이건 어른도 쉽게 답하기 어렵지요. 너무 먼 미래를 묻는 질문이니까요.

'하고 싶은 일'은 '지금은 할 수 없는 일', '나중에 하면 되는 일'처럼 부정적으로 혹은 미루는 의미로 해석될 수 있습니다. 그래서 아이를 움직이지 못하게 하죠. 그래서 '하고 싶은 일'을 생각하면서 살다 보면 자꾸만 마음이 흔들리며 약해지고, 나중에는 아무것도 되지 않을 때가 많습니다. 아이들에게 했던 질문에는 '(미래에) 하고 싶은 일'이라는 의미가 녹아 있기 때문입니다.

하지만 '(지금) 할 수 있는 일'을 생각하면 무엇이든 하기 싫어하고 무기력하던 아이도 그날그날 그 순간에 맞게 자신이 할 수 있는 일을 생각하며 바로바로 행동에 옮길 수 있습니다. 아이에게 할 수 있는 일을 자주 물으며 생각하게 해 보세요. "지금 할 수 있는 일이 뭐지?"라고 한마디 말만 바꾸면 미래가 동시에 바뀔 수 있습니다.

무엇이든 자기 분야에서 활약했던 사람들은 너무 먼 미래를 생각하기보다는 바로 지금 이 순간에 집중하면서 살았습니다. 그래야 자기 안에 있는 모든 재능과 천재성을 깨울 수 있다는 사실을 일찍부터 깨달았기 때문입니다.

처음부터 무기력하며 의지가 없고 도전하지 않는 성격을 가진 아이는 없습니다. 부모의 말에 영향받았을 뿐이지요. "내가 하고 싶은 일이 뭐지?"라는 말은 아예 아이가 머리에서 지울 수 있도록 다음과 같은 말을 자주 들려주세요.

◆

지금 할 수 있는 일이 뭐지?
이 시간에 뭘 하면 가장 좋을까?

———

어느 쪽을 고를지 선택이 쉽지 않을 때는
당장 할 수 있는 것부터 시작하면 좋아.

———

일이 잘 풀리지 않을 때는
지금 할 수 있는 걸 먼저 하면 돼.

———

오늘 최선을 다해 살면,
내일을 두려워하지 않게 된단다.

◇

◆

좋은 결과를 내려면,
오늘 하루 뭘 하는 게 좋을까?

———

지금 할 수 있는 일을 시작하면
나중에는 할 수 있는 일이 더 많아질 거야.

———

5분 후에 라면을 먹으려면 지금 끓여야 해.
지금 행동해야 원하는 걸 가질 수 있어.

———

현재는 우리가 가진 가장 값진 재산이야.
무엇이든 시작할 수 있으니까.

◇

말꼬리를 잡는 아이에게
할 수 있는 멋진 반응

아이가 어른들이 하는 대화에 끼어들거나 말꼬리를 잡고 늘어지면, 대부분의 부모는 이런 방식으로 짜증이나 화를 내며 반응하게 되는 게 현실입니다.

"어른들 이야기하는데 어디서!"
"이 녀석아, 가서 공부나 해!"

하지만 이런 반응은 아이의 성장을 '적극적으로 막는' 최악의 말입니다. 아이에게는 이렇게 들리기 때문입니다.

"넌 아무런 생각도 하지 마!"
"엄마 아빠가 내리는 명령만 들어!"

아이가 말꼬리를 잡으면서, 부모의 말을 하나하나 반박하거나 자기 의견을 주장하는 건 지금 뇌가 급격하게 성장하고 있다는 증거입니다. 정작 도움이 필요한 사람은 말꼬리를 잡는 아이가 아니라, 어떤 문제와 질문에도 답하지 못하고 자기 생각을 표현하지 못하는 아이입니다. 말꼬리를 열심히 잡는다는 것은 두뇌와 내면이 잘 자라고 있다는 매우 긍정적인 신호입니다.

말꼬리를 잡을 때는 정교하게 생각하는 과정이 필요합니다. 아이 머릿속에서 어떤 과정을 거치는지 다음 내용을 읽으며 알아보세요.

아이의 마음과 성장을 동시에 이해할 수 있는 정말 중요한 내용이니 낭독하기를 추천합니다.

말꼬리를 잡을 때 생각이 이루어지는 과정

1단계 하나의 주장을 분석하고 깊이 생각한다.

2단계 나만의 시선으로 재해석한다.

3단계 재해석한 것을 말로 선명하게 표현한다.

4단계 대화를 통해 다음 할 말을 구상한다.

어떤가요? 이 4단계 과정은 문해력을 높이는 과정과 꼭 닮았다는 사실을 알 수 있지요. 실제로 대문호 괴테를 비롯해 시대를 이끈 철학가의 사례를 보면, 어릴 때부터 부모가 말할 때마다 다양한 방식으로 말꼬리를 잡고 대화를 나눈 일화가 매우 많습니다. 이러한 대화 사례는 입체적인 시각으로 세상을 분석해서 새로운 서비스나 콘텐츠를 창조한 대가들 중에도 많지요. 여기에서 중요한 부분은, 그들의 부모가 '멋진 반응'으로 아이의 두뇌 성장을 도왔다는 사실입니다.

이때 부모가 '절대' 해서는 안 되는 말이 있습니다. 이건 아이의 두뇌 성장 자체를 망치는 최악의 선택이니, 절대로 입에서 나오지 않도록 알아 두는 게 좋습니다. 하면 안 되는 말을 기억해야, 하지 않을 수 있으니까요.

"어른들 이야기하는 데 어디서!"

"네가 뭘 안다고 그러니."

"넌 가서 공부나 해!"

"가서 애들이랑 놀아라!"

듣기만 해도 무시당하는 기분이죠. 아이 입장은 어떨까요? 자신이 오랫동안 공들여서 꺼낸 말과 생각이 가치 없는 것이라는 판단을 내리게 됩니다. 그렇게 한번 상심한 아이는 생각이나 행동을 하지 않는 무기력한 사람으로 자랍니다. 이 사실을 늘 기억해 주세요. 부모 입장에서는 아이가 괜한 말꼬리를 잡는 것처럼 보이지만, 아이가 마음속에서 바라는 것은 따로 있습니다.

'내 생각을 표현하며 부모님과 대화를 나누고 싶어.'

이런 바람을 가진 아이에게 어떤 말을 들려주면 좋을까요? 다음과 같은 말을 낭독하고 필사하며 마음에 담아 건네보세요. 아이가 자기 생각을 더 선명히 표현할 수 있습니다.

◆

오, 그 생각 정말 좋은데.

———

네 생각이 많은 도움이 되었어.
언제 이렇게 생각이 깊어졌니!

———

차분하게 생각을 잘 표현하는구나.
의젓한 모습을 보니 기특하네.

◇

부모의 말은 아이 입장에서 말꼬리를 잡기 쉬운 말이어야 합니다. 수학 문제처럼 답이 분명하게 정해진 말이 아니라, 생각에 따라 다양한 답이 나올 수 있는 말을 많이 나누어 주세요. 그리고 앞서 소개한 예쁜 말을 잘 활용해서 '멋지게 반응'해 주세요. 그러면 아이는 이렇게 생각하며 자기 자신을 믿고 생각을 확장해 나갈 수 있습니다.

'부모님도 내 생각의 가치를 인정하고

늘 멋진 말로 존중해 주는구나!

좋아, 오늘은 또 어떤 생각을 해 볼까?'

◆ 아이와 함께하는 하루 ◆

아이와 나누었던 대화를 떠올리며 반응이 좋았던 예쁜 말 중 하나를 골라 써 보세요. 아이가 어떤 반응을 보였는지, 왜 아이가 그 질문을 좋아했는지 떠올리며 마음에 다시 한번 담아 주세요.

부모의 예쁜 말

아이의 반응

2

삶을 바라보는 태도

부모의 말과 태도가
아이의 삶을 바꾼다

아이가 늘 당신을 지켜본다는
사실을 잊지 마세요

"자기야, 오늘은 왜 이렇게 일찍 왔어?"

하루는 평소보다 조금 빠르게 귀가한 배우자에게 이렇게 이유를 묻자, 곧 햇살처럼 따스한 답변이 돌아옵니다.

"자기 빨리 보고 싶어서 서둘렀지. 오늘은 특별히 더 보고 싶더라."

어떤가요? 상상만으로도 아름다운 풍경이죠. 같은 말도 더 예쁘게 들려주는 부부의 말이 아이에게는 어떤 영향을 미칠까요?

하루는 아이가 책에서 이런 질문을 만났습니다.

"여러분은 태어난 이유가 뭐라고 생각하세요?"

부부는 아이의 대답이 궁금했습니다.

'과연 아이가 뭐라고 답할까?'

답하기 어려운 문제일 수도 있었지만, 아이는 마치 기다렸다는 듯 바로 답했죠.

"엄마 아빠 빨리 만나고 싶어서 태어났어요. 세상에 나오길 정말 잘한 것 같아요. 다시 태어나도 엄마 아빠 자식 할래요."

부부는 아이의 말을 마치 아름다운 음악을 감상하듯 들으며, 정말 중요한 사실을 다시금 실감했습니다.

부모가 오늘 서로에게 내뱉은 말이, 아이 입에서 나올 미래의 말을 결정한다.

아이는 부모가 일상에서 나누는 대화를 통해서 자신이

사용할 말을 배우고 깨닫습니다. 지금 아이의 입에서 못된 말이 나왔다면 그건 과거의 어느 순간 부부의 입에서 나왔던 못된 말을 그대로 배운 것일 가능성이 높지요. 아이에게 굳이 긍정적인 말의 힘을 강조하며 그렇게 말하라고 교육할 필요는 없습니다. 부모가 서로에게 긍정적인 말을 자주 들려주면 지혜로운 아이는 그 가치를 깨닫고, 자연스레 부모의 삶에서 배운 긍정의 말을 사용합니다.

하지만 다음과 같이 못된 말이 난무하는 집에서는 아이가 도저히 아름다운 말을 배우기 힘들지요.

"네가 알아서 뭐 하게? 이 집구석 지긋지긋하네."

"집에 일찍 오면 뭘 해. 짜증만 더 나네!"

"넌 아빠(엄마)를 봤으면 인사를 해야지! 자식 키워 봐야 아무 소용 없다니까."

"네가 나한테 해 준 게 뭐가 있어!"라는 불행한 말이 자주 들리는 집과 "당신이 있어서 나도 있는 거야."라는 행복한 말이 자주 들리는 집에서 자란 아이는 전혀 다른 인생을 살 가능성이 높습니다. 여러분도 쉽게 미래를 짐작할 수 있겠죠. 부부가 일상에서 사랑의 언어를 들려주면 아이는 차곡차곡 사랑의 가치를 배우고, 반대로 분노를 알려 주면 분노를 배웁니다. 예절과 지성, 삶을 대하는 태도까지 모두 같은 과정으로 이루어집니다. 이렇게 일상에서 부부가 서로를 대할 때 아이에게서 보고 싶은 모습을 습관처럼 들려주면 아이는 그 모습 그대로 살게 됩니다.

"당신이 있어서 다행이야."
"당신 생각만 해도 마음이 든든해."
"당신 덕분에 늘 행복해."

부모의 말은 아이가 살아갈 인생의 경로입니다. 아이는 부모에게 보고 배운 것만 깨닫습니다. 부모가 먼저 모범을 보이면 아이는 그걸 보고 배워서 자기만의 삶을 창조합니다. 아이가 못된 말만 한다고 걱정하지 말고, 아이가 늘 당신을 지켜본다는 사실을 잊지 마세요.

부모의 자존감은
유산처럼 대물림됩니다

아이의 삶에서 가장 중요한 건 무엇일까요? 수많은 것들이 있겠지만 그 중심에는 바로, 삶을 단단하게 잡아 주는 자존감이 있습니다. 어릴 때부터 자존감을 탄탄하게 잡아 줘야, 사춘기가 와도 자신을 견딜 힘이 생기죠.

아이 삶에 자존감이라는 씨앗을 심으려면 어떻게 해야 할까요? 변하지 않는 이 진리를 기억하면 됩니다.

"부모의 자존감은 아이에게 마치 유산처럼 대물림된다."

지금부터 소개하는 말을 부모 자신이 말버릇처럼 사용한다면 먼저 자기 자신의 자존감을 탄탄하게 만들 수 있으며, 그런 부모의 모습을 보며 아이도 마찬가지로 내면에 자존감이라는 씨앗을 심을 수 있습니다. 다음 장의 내용을 필사하며 여러분의 언어로 만들어 주세요.

가장 소중한 일을 먼저 하자.

하나하나 처리하는 거야.

무례한 사람에게는 화를 내지 말고,

오히려 정중하게 대하자.

정중한 태도의 가치를 알 수 있도록.

◆

힘들수록 예쁘게 말하자.
예쁜 말이 예쁜 소식을 부르니까.

———

다투는 사람들에게 휩쓸리지 말고
조금 떨어져서 왜 다투는지 살펴보자.
그러면 다투지 말아야 할 이유를 깨달을 거야.

———

꿈은 그 자체로 대단해.
우리가 힘든 시간을 얼마나 견딜 수 있는지
간절한 마음의 가치를 보여 주니까.

◇

◆

할 일이 많을 때는
좀 더 일찍 일어나면 돼.

———

도전하는 사람들을 보면
비난보다는 응원하는 게 좋지.
그 뜨거운 마음이 내 안에도 쌓이거든.

———

화가 불처럼 타오를 때는
그 결과가 어떨지 생각해 보면
스스로 분노를 잠재울 수 있어.

◇

부부 싸움은 반드시
화해하는 과정까지 보여 주세요

부부의 싸움은 끝이 없습니다. 늘 돌아보면 정말 사소한 일로 싸웠다는 사실을 깨달으며 그런 자신이 우습기도 하죠. 하지만 우리는 언제 그랬냐는 듯이 또 같은 이유로 싸우고, 서로에게 못된 말을 저주하듯이 퍼붓습니다. 이때 매우 중요한 사실이 하나 있습니다. 바로, 싸우기만 하는 부모의 모습이 아이의 내적 성장에 매우 안 좋은 영향을 끼친다는 사실입니다.

싸우고 화해하지 않는 부모님과 지냈던 아이들에게는 이런 증상이 생길 수 있습니다.

1 늘 불안하고 안정감을 갖지 못한다.

2 감정의 변화가 매우 커서 짐작할 수 없다.

3 친구와의 관계가 원만하지 않다.

4 하나에 집중하지 못해 늘 중간에 포기한다.

5 자신의 감정을 말로 표현하지 못한다.

이런 다양한 부정적인 증상이 생기는 이유는 결국, 부모가 아이 앞에서 싸운 후 화해하는 과정을 보여 주지 않았기 (못했기) 때문입니다. 한번 생각해 보세요. 내가 가장 사랑하고 믿어야 하는 두 사람이 매일 싸우기만 하고 화해하지 않는다면, 평생 그걸 지켜본 사람의 인생은 앞으로 어떻게 될까요? 끔찍하지 않을까요? 아마 아름다운 그림이 그려지진 않을 겁니다. 서로에게 다음과 같은 말을 들려주며 자연스럽게 화해하는 모습을 아이에게 보여 주세요.

◆

서운한 마음 다 이해해.
우리 서로 안아 주면서 멋지게 화해하자.

———

난 이 문제로 화가 났는데,
우리 서로 조금 더 배려하자.

———

아, 그래서 그랬구나.
당신 마음 이해하지 못해서 미안해.

———

이제 지난 일로 트집 잡지 않을게.
오늘 다퉜던 건 오늘 다 잊자.

◇

부부 싸움은 승자가 나올 수 없는 게임입니다. 싸우는 부부를 지켜보는 아이들의 기분까지 최악으로 만들기 때문에 부부 싸움은 모두를 패자로 만들 뿐이죠. 그래서 더욱 가장 빠르게, 지혜로운 말을 주고받으며 화해하는 게 서로를 위해서도 좋습니다. 앞서 소개한 4가지 말과 함께 적절한 스킨십을 활용한다면 더욱 효과가 좋겠죠.

손을 잡을 수도 있고,
따뜻하게 안아 줄 수도 있고,
가볍게 뽀뽀를 할 수도 있습니다.

그냥 말로만 하면 건성처럼 느껴질 수도 있지만, 손을 잡거나 포옹을 하면 같은 말도 더 따뜻하게 느껴지는 법이니까요.

세상에 싸우지 않는 부부는 없습니다. 아이에게 늘 좋은 모습만 보여 줄 수도 없죠. 때로는 살면서 사소한 이유로 싸울 수 있다는 사실을 알려 주는 것도 좋습니다. 그래야 그걸 지켜본 아이도 분노와 화에 대처하는 방법을 깨닫지요.

아이에게 화해하는 모습을 보여 주며, 어디에서도 배울 수 없는 '상대방의 마음을 이해하는 법'과 '잘못을 인정하고 사과하는 법', 그리고 '마음을 따뜻하게 안아줄 따스한 말을 전하는 법'까지 알려 줄 수 있습니다. 아이는 부모가 화해하는 모습을 보며 살면서 꼭 필요한 이 3가지 삶의 기술을 저절로 배울 수 있죠.

화를 내는 건 인간이라면 누구에게나 있는 본능이지만, 화를 낸 후 화해하는 과정은 소수에게만 주어진 인간의 지성을 증명합니다. 사랑하는 아이에게 여러분의 지성을 보여 주세요.

운동하는 부모가
가정의 분위기를 바꿉니다

부모의 규칙적인 행동은 아이에게 그 어떤 말보다 강력한 영향을 미칩니다. 예를 들어서 "매일 운동하는 건 건강에 참 좋은 일이란다."라는 말보다, 실제로 운동을 규칙적으로 실천하는 부모의 일상이 아이에게 10배는 더 강력한 영향을 주지요. 운동의 효과는 건강의 가치를 전하는 것은 물론, 다음에 언급하는 효과를 순식간에 아이에게 전할 수 있어요.

1 자기 자신의 가능성을 믿는 사람으로 성장한다.

2 자신을 지킬 수 있는 강한 자존감이 생긴다.

3 어디에서든 자기 의견을 당당하게 말할 수 있다.

4 꿈을 품고 실천하는 과정을 스스로 설계한다.

5 사랑과 나눔, 배려의 가치를 깨닫는다.

어떤 교육에서도 줄 수 없는 이 귀한 5가지 가치를 아이에게 전할 수 있는 이유는 간단합니다. 사랑하는 부모가 곁에서 매일 운동하는 모습을 보며 자연스럽게 그 동작을 따라 하고, 나중에는 스스로 매일 운동하는 삶을 살기 때문입니다. 주의가 산만해서 늘 걱정했던 아이, 자존감이 낮아서 늘 주눅 든 아이를 바꾸고 싶다면 지금 당장 운동을 시작해 보세요.

아이가 어리다고 불가능한 건 아닙니다. 3살짜리 아이도 반복을 통해 충분히 가능하죠. 중요한 건 아이의 나이가 아니라 부모의 의지입니다. 가정에서 쉽게 할 수 있는 것을 선택해 시작해 보세요. 아이와 함께 운동할 때 부모가 이런 말로 힘을 주면 더욱 좋습니다.

♦

이렇게 같이 운동하니까,
혼자할 때보다 더 행복하네.

———

와, 점점 동작이 완벽해지네.
그건 엄마(아빠)도 너한테 배워야겠다.

———

같이 운동하니까 어때?
엄마(아빠)는 늘 이 시간이 기다려져.

———

알아서 척척 운동하는 모습을 보니
참 대견하고 자랑스러워.

◇

근사한 아빠가 되기 위한
7가지 방법

늘 행복한 소식이 가득한 가정에서는 이런 말이 자주 들립니다.

"자기야, 고생이 많지? 내가 앞으로 더 잘할게."

"우리 같이 이렇게 해 볼까? 나도 열심히 실천해 볼게."

근사한 아빠가 되기 위한 7가지 방법을 소개합니다. '좋은 말이 좋은 미래를 부릅니다.'라는 말을 꼭 기억하면서 마음에 담아 주세요. 부부가 함께 실천하면 더욱 좋습니다. 좋은 건 같이 실천해야 행복의 크기가 커지니까요.

1. 아이와 함께 있을 때 핸드폰은 잠시 내버려 두세요

급한 업무, 지인과의 연락 등 핸드폰을 하는 이유는 다양하지요. 하지만 아이와 같은 공간에서 시간을 보낼 때는 최대한 핸드폰을 하지 않도록 노력해 주세요. 핸드폰에 신경 쓰면 아이는 같이 있어도 떨어져 있는 기분을 느낍니다. 소중한 만큼 아이에게 집중해 주세요.

2. 최대한 배우자의 말을 경청해 주세요

아이는 부부가 서로를 대하는 태도를 보며, 삶의 태도를 하나하나 완성합니다. 부부가 서로의 말을 경청하며 각자의 의견을 존중한다면, 아이는 그걸 보며 다른 사람을 대하는 근사한 태도를 배웁니다. 부부가 함께하는 노력이 필요한 부분이지요. 최대한 배려해서 내가 듣기에도 좋은 말을 들려준다고 생각하면 그 가정에는 늘 아름다운 대화만 가득할 겁니다.

3. 지적은 가끔, 칭찬은 자주 하는 게 좋아요

자신에게는 한없이 관대하지만, 유독 아이에게는 냉정할 정도로 엄격한 아빠가 있습니다. 물론 아이를 올바르게 키우려는 마음은 이해합니다. 하지만 아이에게 더 필요한 건, 아픈 지적이 아닌 근사한 칭찬입니다. 지적은 쉽고 간단해서 누구나 할 수 있지만, 칭찬은 아이의 행동을 오랫동안 관찰해야 가능하기 때문에 애정이 가득한 부모만 할 수 있는 일이죠. 부모의 특권을 놓치지 마세요.

4. 함께 책을 읽는 아빠가 되세요

물론 엄마와 함께 책을 읽는 시간도 소중합니다. 하지만 수많은 가정을 살펴본 결과, 아빠와 함께 책을 읽는 시간을 많이 보낸 아이들은 내면이 좀 더 탄탄하다는 공통점을 찾았습니다. 엄마와 아빠 모두에게 사랑과 관심을 받는다는 기쁨이 내면으로 이어지는 것입니다. 하루에 10분이라도 시간을 내서 함께 책을 읽는 근사한 경험을 아이에게 선물해 주세요.

5. 함께 운동하면 공감대 형성에 좋습니다

운동은 단순히 몸의 성장에만 좋은 게 아닙니다. 아이들은 아빠와 함께 운동하면서, 같은 실수와 성공을 경험하지요. 그런 경험이 의외로 아이와 공감대를 형성하는 데 좋습니다. 시간이 지나도 두고두고 이야기를 나눌 수 있는 따뜻한 추억이 될 수 있으니, 매주 1회 정도는 함께 운동하는 게 좋습니다.

6. 평가하는 대신 예쁘게 말해 주세요

아이들은 이미 집 밖에서 매일 평가받습니다. 그걸 집에서 또 받는다면 가정이 존재하는 이유가 사라집니다. "넌 이게 문제야.", "다른 친구들은 다 하던데!"와 같은 말은 아이 정서에 좋지 않습니다. 생각한 것을 바로 말하지 말고, 가능하면 두 번, 세 번 이상 생각한 후 말해 주세요. 그러면 좀 더 아이 마음에 닿는 예쁜 말을 할 수 있습니다.

7. 아이의 폭풍 질문에 웃으며 답해 주세요

아이들의 질문은 끝이 없지요. 비슷한 질문도 자주 합니다. 그럴 때는 아무리 답답해도 최대한 웃으며 답하는 게 좋습니다. 때로 아이에게 중요한 건, 예쁜 말보다 친절한 표정일 수 있으니까요. 참고로 아이가 질문할 때 이런 이야기를 들려주면, 아이는 아빠의 좋은 반응을 이끌어 낸 자신을 자랑스럽게 여길 것입니다.

"와, 대단하다, 그런 걸 어떻게 알아냈어?"

"신기하다. 아빠도 궁금한데!"

아이에게 '착하다'는 말보다
더 효과적인 칭찬은 무엇일까요?

아이가 집안일을 도와주면 흔히 어떻게 칭찬하나요? 보통 다음과 같이 말할 것입니다.

"엄마를 도와서 청소를 해 주니 정말 착하구나."

"혼자서 방을 정리하다니 정말 대견하네."

이런 칭찬도 물론 아이에게 좋습니다. 하지만 세상에는 언제나 더 좋은 말이 있죠. 아이의 행동 자체를 평가하는 게 아닌, 자신의 선택과 행동을 통해 바뀐 아이의 기분과 태도를 묻는 말이 바로 그 비결입니다.

다음과 같이 바꾸어 질문하면 아이는 자신이 했던 행동의 주인이 될 수 있어서, 앞으로도 스스로 그 일을 즐겁게 해내며 성장할 수 있습니다. 낭독하고 필사하며 그 감각을 익혀 보세요.

엄마(아빠)를 도와서 청소해 주니 정말 착하네.

→ 엄마(아빠)를 도와서 청소하니까 기분이 어떠니?

혼자서 방을 정리하다니 정말 대견하네.

→ 어지러운 방을 정리하니까 마음이 어때?

알아서 숙제를 다 하다니 참 대견하네.

→ 숙제를 미리 다 해 놓으니까 기분이 어때?

'정말 착하네', '정말 대견하네' 같은 부모의 말은 아이 입장에서 평가나 결론에 가깝습니다. 나쁘다는 것이 아니라, 결론을 내는 표현이라 그 말버릇이 습관이 되면 아이가 스스로 자신의 마음을 돌아볼 기회를 갖지 못하지요. 더 할 말이 없는 표현이니까요.

앞서 소개한 것처럼 아이의 마음과 태도의 변화를 물어야, 아이가 스스로 내적 변화를 느끼며 왜 그걸 해야 하는지 스스로 깨닫습니다. 이렇게 부모는 말 한마디로 아이에게 다양한 삶의 진리와 지침들을 스스로 깨닫게 해 줄 수 있어요. 어렵지 않습니다. 아이의 행동 그 자체가 아닌, 마음과 기분의 상태를 묻는 질문 하나면 충분합니다. 아이와 나누는 일상에서 다음과 같은 말을 자주 들려주면 됩니다.

깔끔하게 식사를 다 끝내니
마음이 어때?

책을 다 읽어 보니
읽기 전과 뭐가 달라진 것 같아?

아침을 조금 일찍(늦게) 시작하니
기분도 달라지는 것 같지?

'적당히'라는 말 대신
'충분히'로 힘을 내게 도와주세요

7세 이전에 이루어지는 부모의 말은 아이에게 매우 중요합니다. 이때 부모는 '아이가 이해하지 못한다고 듣지 못하는 건 아니다.'라는 사실을 기억해야 합니다. 아이는 부모에게 들었던 말을 내면에 모아서, 당장은 이해하지 못하더라도 훗날 세상을 바라보는 기준으로 삼고 생각하며 판단합니다. 그런 의미에서 '적당히'라는 말은 매우 섬세하게 사용해야 하는 표현입니다.

일상에서 우리는 '적당히'와 '충분히'를 기준 없이 자주 섞어서 사용합니다. 하지만 듣는 사람 입장에서 '적당히'와 '충분히'는 전혀 다릅니다. 한번 직접 읽으며 판단해 보세요.

"적당히 하자." → "그걸로 충분해."

어떤가요? 비슷한 말처럼 보이지만, 말할 때와는 다르게 들을 때는 전혀 다른 감정이 느껴지죠.

'적당히 하자'는 말은 무언가를 할 때 가진 힘을 모두 내지 않고, 중간에 대충 마무리하자는 것처럼 들립니다. 부모 마음이 그렇지 않더라도, 아이 입장에서는 그렇게 들려서 문제입니다. 이런 말을 계속해서 들으면 아이는 무언가를 끝까지 해내지 못하고 시도만 하다가 멈추는 삶을 살게 됩니다. 나중에는 아예 시도조차 하지 않으니 큰 문제지요.

'적당히' 대신에 '충분히'라는 말은 어떨까요? 비록 계획한 목표를 이루지는 못했지만, 가진 힘과 노력은 모두 쏟았다는 마음이 듭니다. 이런 말을 자주 들려주면 아이는 저절로 늘 최선을 다하려고 합니다. 결과에 흔들리지 않고, 늘 자신이 가진 모든 힘을 과정에 투자하는 삶을 살 것입니다.

물론 '적당히'라는 표현이 필요할 때도 있습니다. 주로 '적당히'라는 말은 지나치면 건강에 나쁜 영향을 미치는 음식, 게임, 술, 잠 등을 지적할 때 사용할 수 있습니다. 이렇게 쓸 수 있지요.

"적당히 먹어라."

"잠 좀 적당히 자렴."

"적당히 놀았으면 그만 일어나야지."

한 번 생각하고 나온 말과 두 번 넘게 생각하고 나온 말은 다를 수밖에 없습니다. '적당히'와 '충분히'라는 표현도 그렇습니다. 제각각 쓸 때가 따로 있지만 섞어서 사용하는 사람이 많은 게 현실이죠. 하나하나 기억할 필요는 없습니다. 좋은 예가 되는 문장을 낭독하고 필사하며 습관으로 만들면 저절로 멋지게 사용할 수 있으니까요.

'충분히'라는 표현으로 아이에게 힘을 주는 9가지 말을 소개합니다. 제가 늘 강조하는 낭독과 필사를 하며 여러분의 한마디로 만들어 보세요.

결과는 생각하지 말자.

넌 충분히 노력했어.

그걸로 이미 충분해.

가진 걸 모두 쏟았으니까.

남들 기준에 맞추지 말자.

지금 네 모습 그대로 충분해.

◆

너는 너답게 해냈어.
그 사실 하나로 충분해.

———

네가 즐거웠다면
그걸로 충분하단다.

———

늘 1등을 할 필요는 없어.
지금도 충분해, 내 사랑.

———

따뜻한 한마디 말,
그거 하나면 충분하지.

◇

삶을 대하는 아이의 태도를
근사하게 바꾸는 말

아이가 매일 맞이하는 일상은 하나의 무대입니다. 그 무대에서 자신에게 들려주는 말을 통해 성장할 수도 있고 반대로 무너질 수도 있어요. 여러분은 아이를 어떻게 키우고 싶으신가요? 아마도 보통 아이가 이렇게 자라기를 바랄 겁니다.

1 사랑받고 잘 자란 아이

2 자기 일을 잘 해내는 아이

3 늘 적극적으로 행동하는 아이

4 밝고 긍정적인 생각을 가진 아이

5 의젓한 태도가 몸에 배어 있는 아이

앞서 읽은 대로 아이를 키우고 싶다면, 아이에게 이런 말을 건네 주세요.

다정하게 인사하고 밝게 웃자.
그게 좋은 마음을 전하는 거니까.

행복이 오지 않으면
먼저 찾아가면 되는 거야.

아이들에게 어려운 단어나 표현은 없습니다. 다만 자주 듣지 못해서 익숙하지 않은 단어와 표현만 존재할 뿐이죠. 아이에게 꼭 필요한 말을 곁에 두고 자주 꺼내 알려 주세요.

◆

좋은 일은 어디에나 있어.
오늘 하루도 열심히 찾아보자.

―――

잘 안 된다고 짜증 내며 포기하지 말자.
반복해서 연습하면 결국 해낼 수 있어.

―――

자꾸 억지로 참는 건 좋지 않아.
분명하게 표현하는 연습을 하자.

―――

나쁜 기억은 빨리 잊자.
대신 좋은 기억을 만들면 되지.

◇

◆

할 수 있을 때 하자.
나중에는 기회가 없을 수도 있어.

———

내가 대우받고 싶은 것처럼
다른 사람을 대하는 게 좋아.

———

'때문에'라는 말보다 '덕분에'라는 말을 자주 쓰자.
그러면 기분까지 완전히 달라져.

———

혼자 할 수 없는 일이 생기면
엄마 아빠에게 도움을 구하면 돼.

◇

아이의 잠자리는
아이와 나누는 하루의 마지막입니다

잠자리는 아이와 보낸 하루를 마감하는, 영화의 엔딩 장면과도 같습니다. 사랑하는 우리 아이들은 늘 믿고 의지하는 부모와 함께한 마지막 장면의 기억을 마음에 품고 잠에 빠져들지요. 그 짧은 마지막 장면으로 하루의 긴 기억을 완성하는 것입니다. 그것이 '해피 엔딩'이라면 참 좋겠죠.

"그래도 애가 안 자면 미칠 것 같아요!"

"도무지 말이 통하지 않아요!"

맞아요. 할 일이 많은데 아이가 잠들지 않고 자꾸 놀자고 하면, 그런 아이 마음은 이해하면서도 자꾸 짜증이 나서 마음에도 없는 싫은 말을 하게 됩니다. 새근새근 잠든 예쁜 아이를 보며 곧 후회할 거라는 사실을 다 알면서도 말이죠. 그럴 때 이렇게 말해 주면 어떨까요?

오늘도 네 덕분에 행복했어.

푹 자고 일어나면, 내일도 즐거운 일이 많을 거야.

잠들면 헤어지는 게 아니야.

내일 예쁘게 다시 만나려고 지금 잠드는 거란다.

우리 몸도 고생해서 휴식이 필요해.

네가 눈을 감고 잠들면, 몸도 편안하게 쉴 수 있을 거야.

뒤에 더 소개하는 말을 잘 활용해서, 아이와 나누는 하루
의 마지막 장면을 따뜻하게 만들어 보세요.

◆

정 잠이 오지 않으면,
마치 자는 것처럼 눈을 감고 있자.
눈을 감고 잠을 초대하는 거야.

———

너도 크느라 힘들고 피곤하지?
우리 오늘 모두 좋았으니,
내일의 행복을 위해 푹 잠들자.

———

네가 잠들면 엄마는 또 할 일들이 있어.
엄마(아빠)가 일을 마칠 수 있게
도와줄 수 있겠니?

◇

◆

가끔 네가 혼자 누워 있다가 조용히 잠들 때
그런 네 모습이 정말 예쁘고 대견해.

———

잠자는 거 쉬운 일 아니야.
그래도 이렇게 엄마가 곁에서
지켜주고 있으니 걱정하지 마.

———

엄마 아빠는 우리 아기 정말 사랑해.
오늘도 같이 노력해 보자.
어제보다 조금만 더 일찍 자는 거야.

◇

횡단보도에서 자전거를 끌고 가면
일어나는 놀라운 일

아이들과 자전거를 함께 타면서 취미 생활을 즐기는 가정이 많습니다. 참 보기 좋은 풍경이죠. 그런데 안전을 위해 각종 장비는 잘 착용했지만, 이것 하나를 놓치는 경우가 참 많습니다. 횡단보도에서는 어떤 작은 자전거라도 반드시 내려서 끌고 가야 한다는 사실이지요. 하지만 우리는 늘 유혹에 약해서, 횡단보도에 막 도착했는데 건너갈 수 있는 시간이 얼마 남아 있지 않으면 그대로 타고 가고 싶다는 욕망에 사로잡힙니다. 내려서 끌고 가야 한다는 사실은 알고 있지만, 이런 자기변명을 하면서 말이죠.

'이번 한 번만 타고 가자. 한 번인데 뭐 어때?'

그런데 그런 당신을 아이가 지켜보고 있습니다. 반대로 부모가 그런 유혹에 지지 않고 승리해서, 늘 횡단보도에서 아이와 함께 자전거를 끌고 건너가면 어떤 일이 일어날까요? 아이 내면에서는 바로 이런 일이 일어납니다.

1 원칙을 어기고 빨리 건너고 싶다는 욕망을
  스스로 제어하면서 자제력을 기를 수 있다.
2 모두의 안전을 위해 가장 좋은 선택을 했다는
  기쁨에 자존감도 탄탄해진다.
3 세상에는 반드시 지켜야 하는 것이 있고, 그걸 지키는
  사람이 많아지면 세상은 아름다워진다는 사실을 깨닫는다.

어떤가요? 그저 횡단보도 앞에서 자전거를 끌고 잠시 이동했을 뿐인데, 아이 내면에서는 어떤 교육으로도 얻을 수

없는 가치가 만들어집니다. 아무리 강조해도 쉽게 갖기 힘든 자제력과 단단한 자존감, 게다가 원칙을 지키는 삶의 가치까지 저절로 깨달을 수 있지요. 이렇게 부모와 함께 원칙을 지킨 경험을 자주 반복한 아이는 나중에 혼자 있을 때도, 아무도 지켜보는 사람이 없어도 늘 원칙을 지키며 삽니다. 누가 봐도 참 근사한 어른으로 성장하는 거죠.

아이가 사람이라면 당연히 지켜야 하는 질서와 원칙을 지키지 않는 이유는, 부모와 나누는 일상에서 그것들을 지켰던 경험이 별로 없기 때문입니다. 아이는 부모와 자주 반복한 것을 기억에 남기고 앞으로 그 기억을 바탕으로 생각하고 판단하며 성장합니다. 그 현실이 어떤 부모에게는 정말 무서운 사실로 느껴질 수도, 반대로 기대되는 미래로 느껴질 수도 있습니다. 이 책을 통해서 여러분의 삶이 꼭 후자가 되었으면 좋겠습니다.

◆ 나를 돌아보는 시간 ◆

아이가 곁에 있을 때, 어떤 말을 했나요? 아이에게 했던 말 중에 마음에
걸리는 표현이 있는지 돌아보고, 어떻게 바꾸어 말할지 함께 써 보세요.

오늘 아이에게 했던 말

내일 아이에게 들려주고 싶은 말

3

단단한 내면을 키우며 관계 맺기

———

삶의 주인공으로
살게 하는 질문은
따로 있다

———

친구 관계를 맺기 시작한
아이에게 필요한 조언

어른들이 인간 관계를 어려워하듯이, 아이들도 마찬가지입니다. 그런 아이에게 어떤 이야기를 들려주면 좋을까요?

초등학교 3학년이 된 어느 날 겪은 이야기입니다. 당시 반장이었던 저는, 모든 친구와 친하게 지내야 한다고 생각했습니다. 하지만 몇몇 친구가 제 뜻과는 다르게 아무리 노력해도 친해지지 않아서, 하루는 그 고민을 할머니에게 들려 드린 적이 있습니다. 그러자 할머니는 저에게 놀라운 답을 주셨습니다.

제가 들었던 할머니의 말을 소개합니다. '내가 아이 입장에서 이 말을 들었다면 과연 기분이 어땠을까?'라고 상상해보세요. 그러면 좀 더 생생한 마음으로 느낄 수 있습니다. 특히 마지막 단락의 말을 되새겨 보세요.

모든 친구랑 친하게 지내고 싶다는 네 마음은 참 예뻐.

하지만 그게 쉽지 않은 이유가 있어.

할머니도 동네에 사는 사람들과

다 친하게 지내는 건 아니잖아.

너도 마찬가지란다.

동네에 산다고 다 친구는 아닌 것처럼,

같은 반에 있다고 다 친구는 아니야.

그냥 같은 반에 있을 뿐이지,

모두와 친하게 지낼 수는 없어.

학교에서 너랑 잘 맞는 사람만 골라서

반을 구성한 건 아니잖아.

세상에 그런 경우는 없을 거야.

좋은 마음을 가질 수는 있지만

그걸로 친구가 될 수 있다고 확신할 수는 없지.

당연히 안 맞는 사람도 있고,

그럴 때는 내 마음 편하게 생각하는 게 좋아.

앞서 소개한 할머니의 조언은 당시 실제로 저에게 많은 도움이 되어서, 특별히 일기장에 써서 남기기도 했습니다. 이렇게 좋은 말은 평생 아이 마음에 남아서 살아갈 힘이 되어 주지죠. 생각해 보면 당시 할머니는 정말 지혜롭게도 이런 3단계 방식으로 제 문제를 해결해 주셨습니다.

　1 아이 마음에 다가가 이해하기

　2 자신의 사례를 들어 설명하기

　3 적절한 말로 공감대를 형성하기

관계를 형성하고 그 안에서 살아가는 건 어른에게도 쉬

운 일은 아닙니다. 하지만 이렇게 부모가 적절한 말을 통해서 원칙이 될 수 있는 것들을 알려 주면 아이 입장에서는 좋은 참고가 될 수 있어 훨씬 수월하게 관계를 형성하고 관리할 수 있죠.

어른도 직장이나 동네에서 모두와 다 친하게 지낼 수 없는 것처럼, 아이들 역시 모든 반 아이들과 다 친하게 지낼 수는 없습니다. 다투고 돌아온 아이에게 '친구끼리 친하게 지내야지.'라는 말은 그래서 조금은 위험합니다. 옆에 있다고 다 친구인 것은 아니고, 친구라고 해도 늘 친하게 지낼 수는 없는 문제이기 때문입니다.

아이가 친구 문제로 고민할 때, 할머니가 저에게 들려주신 이야기와 함께 다음 장에서 소개하는 3가지 말을 아이에게 전하면 힘든 문제를 좀 더 아름답게 해결할 수 있습니다.

◆

세상에는 나랑 안 맞는 사람도 있지.
잘 맞는 사람과 더 친하게 지내면 되겠다.

———

모든 사람과 다 친하게 지낼 순 없어.
나는 충분히 노력했으니 그걸로 된 거야.

———

옆에 있다고 다 친구가 될 수는 없지.

◇

인사를 잘하는 아이가 살면서
좋은 기회를 자주 얻습니다

인사는 지성을 상징합니다. 잘 배운 사람은 매일 만나도 매일 반갑게 인사를 하지요. 정말 사소한 거라고 말할 수 있지만, 사실 인생은 그 사소한 것들이 모여서 거대한 결과를 만듭니다. 이왕이면 인사를 잘하는 사람에게 좀 더 기회를 주고 싶은 게 사람 마음이기도 합니다. 그래서 더욱 인사를 하지 않는 아이들 때문에 고민하는 부모가 많습니다.

그런데 사실 아이들이 인사를 제대로 하지 않는 이유는 부모의 태도에 원인이 있습니다. 혹시 이런 말을 한 적은 없나요?

"네가 어른에게 인사를 하지 않으면, 버릇이 없는 아이라고 생각할 거야."

"네가 인사를 하지 않으면 가정교육도 못 받았다고 무시

할 거야."

이런 말은 상대방의 평가에 기준이 있어서, 아이는 듣고 이렇게 생각할 겁니다.

"인사는 받는 사람 좋으라고 하는 거구나."

"인사는 버릇없다는 소리 안 들으려고 하는 거구나."

"가정교육 잘 받은 것처럼 보여야 하는 거네."

물론 이런 목적이 나쁜 것은 아닙니다. 하지만 중요한 건 이런 목적으로는 아이의 마음을 움직일 수 없다는 사실이지요. 인사를 대하는 인식을 완전히 바꿔야 합니다. 타인의 평가가 아닌 아이의 행복을 기준으로 바꿔서 생각하면, 전과는 다른 분위기로 말을 건넬 수 있습니다. 바로 다음과 같은 말입니다.

◆

멋지게 인사를 하면
네가 여기 있다는 사실을 알려 줄 수 있지.

―――

인사를 하는 동안
네 마음도 예뻐질 거야.

―――

밝게 웃으며 인사를 하면
오늘 하루도 웃을 일이 많아져.

―――

인사는 네 좋은 마음을
소중한 사람에게 전하는 일이야.

◇

친구에 대한 사소한 질문이
아이에게 위험한 이유

부모님들은 아이가 학교나 유치원에 다니면 가장 먼저 '친구 관계'를 궁금해합니다.

"친구는 많이 사귀었니?"

"요즘 어떤 친구랑 친하게 지내니?"

하지만 이런 질문이 아이에게 위험할 수 있습니다. 부모님은 "부모가 그것도 물어보지 못하나요?"라고 말할 수도 있지요. 맞아요. 부모님 마음은 이해합니다.

'우리 아이가 잘 적응하고 있나?'

'혹시 친구가 없는 건 아닐까?'

'집에 돌아오면 뭔가 물어보고 싶은데, 이럴 땐 뭐라고 질문해야 좋을까?'

그런 고민 끝에 최대한 아이 마음을 배려했다고 생각하

며, 결국에는 이렇게 묻지요.

"친구는 많이 사귀었니? 요즘 누구랑 친하게 지내니?"

하지만 이런 질문을 받은 아이는 과연 무엇을 느낄까요?
미처 짐작하지 못한 악순환을 간단하게 설명해 보겠습니다.

친구는 많이 사귀었니?

아이의 마음

친구를 많이 사귀어야 하는 거구나.

내게는 친구가 많이 없는데.

이런 나를 사람들은 이상하게 보겠지.

나한테 어떤 문제가 있는 걸까?

요즘 누구랑 친하게 지내니?

아이의 마음

친하게 지내는 친구가 있어야 정상이구나.

역시 혼자인 건 이상한 거야.

나는 정말 왜 이럴까.

바보처럼 친한 친구 하나 없어.

아무런 문제가 없던 아이도 부모가 자꾸 이런 식으로 질문하면, 자기 삶에 불안한 마음을 느낍니다. 사소한 한마디에 괜히 불안해지는 것입니다. 언제나 본질에서 벗어나면 길을 잃기 마련입니다. 아이가 '누구랑', '어떻게' 지내는지 아는 것보다, 그 공간에서 '어떤 마음으로 시간을 보내는지' 아는 게 중요합니다. 그 공간에서 행복하게 시간을 보낸다면, 친구 관계는 저절로 좋아질 테니까요.

물론 친구를 사귀는 행위와 한 공간 안에서 잘 어울리는 것도 중요합니다. 하지만 모든 일에는 순서가 있지요. 아이가 그 안에서 어떤 마음으로 어떻게 지내는지, 그걸 묻고 공감하는 게 우선입니다. 실제로 친구들 관계에서 어려움을 겪었던 수많은 아이들이, 앞으로 소개하는 방법을 통해서 서서히 나아지며 자신의 삶을 바꿨습니다. 지금 여러분의 아이가 비슷한 상황이라면 아이 내부를 향하는 질문을 자주 들려주시는 게 좋습니다.

언제나 순서와 본질을 기억하세요. 그렇게 나온 부모의 말은 아이 삶에 가장 좋은 '마음의 보약'이니까요.

유치원이나 학교에서 돌아온 아이에게 이렇게 질문해 주시면 됩니다. 듣기만 해도 저절로 아이 마음을 단단하게 해 주는 질문이니 다음 장의 질문을 자주 들려주세요. 질문의 방향을 아이 바깥이 아닌, 아이의 내부로 바꾸어 주는 것이 핵심입니다.

◆

요즘 어떤 일이 널 행복하게 해 주니?
유치원에서 뭘 할 때 가장 기분이 좋아?

———

가장 기다려지는 시간이 있니?
그때 마음이 어때?

———

오늘도 참 잘 지냈네. 대견해.
내일은 뭐가 가장 기대되니?

———

오늘 기억나는 일 없니?
생각나면 꼭 들려줘.

◇

아빠의 다정한 말이
아이를 한 뼘 더 자라게 합니다

아이의 문제로 고민하시나요? 아이가 다음과 같은 모습을 보여서 걱정은 아닌지 한번 살펴보세요.

1 감정 조절에 어려움을 느낀다.

2 주변 눈치를 필요 이상으로 본다.

3 자기 생각을 선뜻 주장하지 못한다.

4 성격이 점점 예민해진다.

5 사춘기 이후로 모든 게 최악이 되었다.

아이가 이 상태가 되면 뭘 해도 되는 게 없어서 좌절하고, 나중에는 무기력에 빠져 관계에서도 어려움을 겪지요.

이 문제에는 다양한 원인이 있지만, 가장 큰 원인은 바로

'다정하지 않은 아빠의 말'입니다. 아빠의 말이 차갑거나 고성을 동반한 분노와 평가 위주의 말일 때, 아이의 마음은 자꾸 더 힘들어집니다.

아빠에게 많은 것을 하라는 게 아닙니다. 아이와 대화를 자주 오랫동안 하라는 것도 아닙니다. 그저 한마디를 하더라도 다정하게, 예쁜 말을 건넨다면 아이의 삶은 완전히 바뀔 것입니다. 하루 한마디로 아이가 더 잘 자랄 수 있다면, 그것보다 위대한 투자가 또 어디에 있겠어요.

다음에 소개하는 말을 낭독과 필사로 눈과 마음에 담고, 일상에서 자연스럽게 아이에게 들려주세요. 그러면 아빠의 말에 힘을 얻은 아이가 자신의 삶을 바꿔, 무엇이든 의욕적으로 해내며 뭘 해도 잘 되는 능력자의 삶을 살 것입니다.

아침에 일어나 네 얼굴 보면
뭔가 좋은 일이 생길 것 같아.

네가 있어서 아빠가 힘이 난다.

역시 우리 딸(아들)이야!

같이 뭐 하고 싶은 거 없니?

우리 아들(딸)은 어쩌면,
마음도 이렇게 예쁠까.

이렇게 잘 커 줘서 늘 고마워.

오늘 하루도 네 생각 많이 했어.

주말에 우리 어디로 놀러 갈까?

편식하는 태도를 바꾸면
새로운 세상을 만납니다

　대부분의 아이에게는 '편식하는 시기'가 있습니다. 지금 이 순간에도 수많은 가정에서 편식 문제로 아이와 힘겨루기를 하지요. 이 시기에 바람직한 식습관을 갖지 못하면, 영양소 섭취의 균형이 깨지면서 아이의 몸이 제대로 성장하지 못합니다. 하지만 더 큰 문제가 있죠. 바로 이런 것들입니다.

1　미각의 폭이 좁아진다.

2　섬세한 차이를 느끼지 못한다.

3　도전을 망설이는 성향으로 자란다.

4　자존감이 심각하게 낮아진다.

5　다양성에 대한 이해도가 낮아진다.

6　점점 더 예민한 성격으로 바뀐다.

저도 마찬가지였습니다. 초등학교에 다니던 시절, 당근이나 호박을 좋아하지 않았죠. 딱히 이유는 없었습니다. 그냥 싫어서 먹지 않았죠. 그런데 그러던 저에게 매우 큰 변화가 일어났습니다. 제가 편식하는 걸 지켜보시던 할머니께서 하루는 이런 이야기를 들려주신 거죠. 그 한마디 말을 듣고 저는 순식간에 편식하는 습관을 고쳤습니다. 읽으면서 여러분의 아이를 한번 떠올려 보세요.

종원아, 너는 지금 그걸 먹을 수도 있고
먹지 않을 수도 있어. 그건 네 선택이야.
그런데 만약 먹기로 결정한다면
넌 짐작도 하지 못한 새로운 맛을 경험할 수 있어.

어떤가요? 그 시절 저는 이 한마디 말을 듣고 음식을 대하는 제 생각을 바꿨습니다. 부모님들은 원래 다음과 같은 방식으로 아이를 달래 왔을 겁니다.

"이거 먹으면 장난감 사 줄게."

"딱 한 번만 먹어 봐."

"자꾸 그러면 진짜 혼난다!"

"식탁에 올라온 건 다 먹으라고 했지!"

"또 그러면 혼난다고 했어, 안 했어."

사실 이런 방식으로 하는 온갖 회유는 순간적으로는 효과가 있을 수 있지만, 본질에서 벗어난 방식이라 지속되기 어렵습니다. 아이에게 편식은 세상에 태어나 처음 맞이하는, 넘기 힘든 벽입니다. 이때 중요한 건, 아이가 자신의 이익과 호기심을 이유로 스스로 선택할 수 있게 해 줘야 한다는 사실입니다. 혼나지 않기 위해서 혹은 장난감을 얻거나 핸드폰을 더 하기 위해서 잠시 선택한 경험은, 오히려 장기적으로는 아이에게 나쁜 영향을 줍니다.

"에이, 편식이 그렇게 간단하게 없어지겠어?"

"말 한마디로 그게 가능하다고?"

부모가 가진 말의 힘을 실감하지 못한 분들은 그렇게 생각할 수도 있습니다. 하지만 스스로 변화를 선택하고 실천하는 분들은 전혀 다른 생각을 하지요.

"좋아, 그럼 이걸 다른 쪽에도 활용해 볼까?"

앞서 언급한 6가지 사항에 속한 문제로 고민된다면, 뒤에 소개하는 말을 적절히 변주해서 아이에게 들려주세요. 그러면 여러분은 아이에게 스스로 무언가를 시작할 수 있게 해 주는 자기주도성까지 길러 줄 수 있습니다. 그것까지 생각하며 필사하시면 더욱 좋습니다.

가끔 이런 하소연을 하시는 부모님도 있습니다.

"부모는 진짜 힘드네요. 한마디 말도 쉽게 할 수 없으니까요."

그 말도 맞아요. 하지만 부모의 말을 실천하는 분들은, 이런 근사한 사실을 깨달을 겁니다.

"아이를 위해서 한 말이 결국에는 나를 위한 말이었구나."

아이에게 좋은 말은 부모 자신에게도 좋은 영향을 미칩니다. 서로를 위한 말이라고 생각하며 지금 시작해 보세요.

◆

너는 지금 그걸 할 수도 있고
하지 않을 수도 있어.
그건 네 선택이야.
그런데 만약 하기로 결정한다면
넌 짐작도 하지 못한
새로운 세상을 만날 거야.

◇

부모가 자신의 말을 제대로 끝내야
아이도 자기 일을 해냅니다

"여기, 컵."

"물 좀."

"너! 숙제는? 30분 지났어!"

이렇게 부모가 자신의 말을 끝까지 분명하게 하지 않으면, 이를 매일 본 아이도 같은 방식으로 말합니다. 그 결과 성격과 태도가 다음처럼 변하지요.

  1 끝까지 말하지 않고 말끝을 흐린다.

  2 의견을 제대로 표현하지 못하게 된다.

  3 자신의 생각을 표현하지 못하니 인정받지 못한다.

  4 주변의 인정을 받지 못하니 점점 소심해진다.

  5 결국 무슨 생각을 하고 사는지 모르는 사람이 된다.

말끝을 흐리면서 두리뭉실하게 말하는 것은 안 좋은 버릇입니다. 상대에게 모호하게 답을 하면 들은 사람이 이해하기 어려워 결국 어떠한 일을 성사하기 어렵습니다.

말끝을 흐리지 않고 말을 잘할 수 있다는 것은 그 사람이 내적으로 쌓은 경험과 지식에 따라 질량 있는 말을 꺼낸다는 뜻입니다. 여기에서 상대를 이해시키고, 자신이 원하는 방향으로 이끄는 힘이 나옵니다. 입 안에 아무리 보석처럼 빛나는 말이 있어도 밖으로 꺼내지 않으면 자신의 빛을 보여 줄 수 없습니다.

부모가 뒷장에 소개하는 하나의 완전한 문장을 매일 들려주는 것만으로도, 아이는 자기 삶의 빛을 바깥으로 꺼내좀 더 자존감이 탄탄한 사람으로 성장할 수 있습니다.

◆

엄마가 목이 말라서 그런데
물 좀 줄 수 있겠니?

———

오늘 숙제가 있다고 알고 있는데
한번 확인해 볼래?

———

컵을 들 때 조금만 조심하면
너도 안전하게 물을 마실 수 있어.

———

네가 같은 말도 예쁘게 해 주니까
듣는 엄마도 행복하다.

◇

조금 느린 아이를 키운다면
꼭 이렇게 말해 주세요

식당에서 가족이 외식하는 날, 느린 아이를 키우는 집에서 자주 일어나는 상황이 하나 있습니다. 메뉴를 정해야 하는데 아이의 결정이 늦어서 결국 이렇게 화를 내며 재촉하지요.

> 비난 넌 그거 하나도 못 정하니?
>
> 조롱 바보니? 빨리 골라! 너 때문에 다들 기다리잖아.
>
> 평가 그거 하나도 제대로 못해서 앞으로 어떻게 살래?

비난과 조롱, 평가 대신에 아이를 존중하며 대안을 찾아 주세요. 부모가 심판이 되면 아이는 벌을 받지 않기 위해 살아가는 불안한 존재가 되지만, 부모가 부모에게 주어진 본

연의 역할을 한다면 아이는 자신의 속도를 믿고 사랑하는 소중한 존재로 삽니다. 다음과 같이 바꾸어 말하며 존중받는다는 걸 느끼게 해 주세요.

아이의 속도를 존중하기

천천히 편안하게 골라.

모두가 동시에 주문하지 않아도 돼.

부담감 덜어 주기

충분히 생각하고 선택해도

큰일 나는 거 아니니 괜찮아.

생각의 가치를 알려 주기

선택이 어려우면 언제든 엄마 아빠를 불러.

같이 생각하면 좀 더 쉬우니까.

느린 아이를 키우는 부모는 늘 불안하고 답답합니다. 내 아이만 처지는 기분이 들어 불안하고, 상황이 나아지지 않으니 답답하죠. 그 불안감과 답답한 마음이 아이를 대하는 태도가 되어, 내가 듣기에도 기분 나쁜 말만 아이에게 들려주게 됩니다. 앞서 소개한 말을 필사로 마음에 담아 부모의 언어로 만드세요. 이 말을 통해 부모는 생각을 전환할 수 있고, 아이는 자신감과 자기 삶의 철학을 가질 수 있습니다.

'느린 아이'라는 표현을 쓰긴 했지만, 세상에 느린 아이는 없습니다. 아이라는 존재는 속도를 측정해서 순위로 구분할 수 있는 대상이 아니기 때문이죠.

여러분이 심판이 아닌 부모로 산다면, 아이 역시 자신에게 주어진 삶을 누구보다 빛나게 살아 낼 것입니다. 아이의 가능성을 믿고 사랑하면, 아무것도 불안하지 않습니다. 여러분의 아이는 느린 게 아니라, 바다처럼 깊어지고 있습니다.

천천히 편안하게 골라.

모두가 동시에 주문하지 않아도 돼.

충분히 생각하고 선택해도

큰일 나는 거 아니니 괜찮아.

선택이 어려우면 언제든 엄마 아빠를 불러.

같이 생각하면 좀 더 쉬우니까.

◆

세상에는 내가 생각한 대로
쉽게 풀리지 않는 문제도 있어.

———

생각을 정리하는 건
원래 어려운 일이란다.

———

남들 눈치를 보며, 너무 서두를 필요는 없어.
우리는 네 속도를 믿어.

———

네 속도에 맞춰서 매일
한 발 한 발 나아가면 되는 거야.

◇

◆

게으름과 여유는 다르지.
넌 느린 게 아니라, 여유를 즐기는 거야.

———

속도를 줄이면 더 많은 것을
자세하게 관찰할 수 있지.

———

충분히 더 생각하렴.
우리는 얼마든지 기다릴 수 있어.
다만 중간에 포기하지는 말자.

———

많이 사랑하니까 좋은 것만 주고 싶어서
더 깊이 생각하게 되는 거야.

◇

아이의 자기주도성을
빠르게 키우는 '가능성의 언어'

자기주도성은 아이 성장에 필요한 모든 것을 움직이게 만드는 본질적인 힘입니다. 온갖 지식과 인성, 기품과 성격까지도 자기주도성이 온전히 자리 잡지 못하면 하나도 실현될 수가 없죠. 안타깝게도 많은 부모가 일상에서 아이에게 들려주는 이야기는 '확정의 언어'일 가능성이 높습니다. 가능성과 가치를 제한하며 결과만 알려 주는 말이죠.

아이의 자기주도성을 빠르게 키우고 싶다면, '확정의 언어'가 아닌 '가능성의 언어'에 집중할 필요가 있습니다.

확정의 언어 ➜ 가능성의 언어

잘하는 건 기대도 안 해. 제발 사고나 치지 마!

➜ 포기하지 않고 도전하면 결국 잘하는 날이 올 거야.

대표적으로 아이의 자기주도성을 빠르게 키우는 9가지 말을 다음 장에 더 자세히 소개합니다. 평소 하는 말을 이렇게 바꾸면 아이가 자신의 일상에서 가치를 발견하며 내일의 가능성을 생각하면서, 자연스럽게 자기주도성을 높일 수 있습니다.

하지만 "해 봐도 말을 듣지 않아요!"라며 하소연하는 부모님도 많습니다. 맞습니다. 아이들은 어떤 말도 한 번에 듣지 않습니다. 그래서 결국 많은 부모가 좋게 말하려다 포기하고, 억압과 분노가 가득한 '확정의 언어'를 선택합니다. 하지만 그로 인해서 아이는 자기주도성을 잃고 자기 생각이 없는 사람으로 자랍니다.

한 번에 말을 들어야 한다고 생각하지 말고, 두 번 세 번 가치를 알려 주면 조금씩 변화할 가능성이 높아진다는 생각으로 접근하세요. 실제로 다음과 같이 소개하는 말을 아이에게 습관처럼 들려줘서 단기간에 효과를 얻은 가정이 많습니다.

당장 정리 안 하면, 장난감 다 버린다!

➜지금 장난감 정리를 하면

내일도 즐겁게 놀 수 있지.

식당에서는 얌전하게 조용히 있어야 한다고 했어, 안 했어!

➜식당에서 조금만 얌전히 있으면

우리 모두가 즐겁게 식사할 수 있어.

내가 너 그럴 줄 알았어!

➜괜찮아,

다음에는 더 나아질 거야.

기분 안 좋으니까, 넌 좀 저리로 가서 조용히 있어!

➜네가 잠시만 엄마(아빠)를 배려해 주면

엄마(아빠)의 기분이 금방 좋아질 것 같아.

도대체 언제까지 이럴 거야!

➜다음에는 이 부분에 신경을 쓰면

더 멋진 결과를 만날 수 있을 거야.

엄마(아빠) 혼자서 집에 갈 거니까, 넌 놀이터에서 혼자 살아!

➜지금 우리가 같이 집에 간다면

남은 하루도 즐겁게 놀 수 있지.

내가 이럴 줄 알았지. 또 너 때문에 늦었잖아!

→ 이왕 늦었으니 일정을 바꿔서

이걸 먼저 시작하면 되겠다.

뭘 잘못했는지 알겠어? 이제 네 입으로 다시 한번 말해 봐!

→ 네가 잘못한 게 뭔지 스스로 설명할 수 있다면

다음에는 실수하지 않을 수 있단다.

조심하라고 몇 번을 말했어! 한 번만 더 말하면 백 번째야!

→ 다음에는 조금만 더 조심하면

이제 실수하지 않을 것 같은데?

자기 역할을 하는
주도적인 아이로 키우려면

"엄마 어디에 갔어?"

"회사에 갔지."

"난 엄마랑 놀고 싶은데, 집에 있으면 안 돼?"

이때 많은 부모님이 이런 방식으로 답하지요.

"너 레고 좋아하지? 그거 사려면 엄마가 돈 벌어야지."

"너 맛있는 거 먹을 때 행복하잖아. 그거 먹으려면 엄마가 돈 벌어야지."

그런데 이런 말은 아이에게 긍정적인 영향을 주기 힘듭니다. 물론 사실과 현실을 분명히 알려 주는 것도 교육 면에서 매우 중요합니다. 하지만 이렇게 바꿔서 말한다면 아이는 '자신에게 주어진 일을 한다는 것의 가치'라는 전혀 다른 깨달음을 얻겠죠. 읽고 필사하며 마음에 담아 보세요.

사람에게는 모두 각자의 역할이 있어.

주어진 일을 충실히 다 마친 후에

정말 자신이 소중하게 생각하는 걸 할 수 있지.

엄마(아빠)가 집에 돌아와 널 번쩍 들어서

따뜻하게 안아 주잖아.

엄마(아빠)에게는 그게 가장 소중한 일이야.

그걸 하기 위해서

지금 엄마(아빠)의 역할을 하려고 나가는 거야.

◆

모든 사람에게는
꼭 해야 하는 일이 있는 거야.

———

커다란 나무도 처음에는 작게 시작되었지.
작은 걸 소중히 여기면 큰 사람이 될 수 있어.

———

소중한 무언가를 지키려면
매일 자신에게 주어진 일을 해야 한단다.

———

자신과의 약속은 무슨 일이 있어도
반드시 지켜야 하는 거야.

◇

친절과 양보를 강요하면
'착한 사람'이라는 가면을 쓰게 됩니다

"네가 형이니까 양보해야지."

"친구한테 친절해야 한다고 했지?"

친절과 양보는 정말 중요한 가치입니다. 그런데 한번 생각해 보세요. 그저 조금 먼저 태어났을 뿐, 결국 모두가 같은 아이일 뿐입니다. 형이니까 양보하라고 하고 동생이니까 말을 들으라고 한다면 그 말이 과연 아이에게 통할까요?

사실 친절과 양보는 어른에게도 쉬운 일이 아닙니다. 하물며 아직 친절이나 양보가 무엇인지도 잘 모르는 아이에게 그걸 강요하면, 오히려 압박이 되어서 영문도 모른 채 '착한 사람'이라는 가면을 쓰고 평생을 살게 됩니다.

어릴 때 강요받은 대로 친절을 베풀고, 원하지 않을 때도 주변 사람들에게 끝없이 양보하면서 자라면 어떻게 될까요? 어른이 되어서도 자신이 바라는 것은 뒤로 미뤄 두느라 잊어버린 채, 정작 자신은 답답하게 살 수밖에 없습니다. 거절을 모르는 사람이 되는 것입니다. 어릴 때부터 양보와 친절을 강요받아서 생긴 부작용입니다.

하나도 어렵게 생각할 필요는 없습니다. 아이가 더 친절하게, 양보도 하면서 살면 좋겠다는 생각이 들 때는 다음 장에 소개하는 말로 아이에게 친절과 양보가 무엇인지 자연스레 알 수 있게 도와주면 됩니다. 그러면 아이가 스스로 생각하고 행동하며 깨칠 것입니다. 부모님부터 익숙해질 수 있게 낭독과 필사로 암기해 주시면 더욱 좋습니다. 필기도구가 없다면 핸드폰 메모장과 채팅창에 필사를 해도 됩니다. 방법은 언제나 찾는 자의 것입니다.

◆

이런 상황에 대해서
넌 어떻게 생각하니?

———

무엇보다 네 생각을
솔직하게 말하는 게 중요해.

———

저 친구가 좀 곤란한 것 같은데
우리가 어떻게 돕는 게 좋을까?

———

네가 이런 상황일 때
친구들이 어떻게 하면 좋겠니?

◇

◆

자신을 아끼는 사람이
다른 사람을 도울 수 있어.

———

양보와 친절도 중요하지만,
네 마음에서 나와야 빛나는 거야.

———

엄마 아빠는 네 의견이 가장 궁금해.
아, 그렇게 생각하는구나.

———

네가 행복할 수 있는 선택을 하렴.
다만 결과에 책임을 져야 해.

◇

아마 당장 이런 고민으로 머리가 아픈 부모님들이 많을 겁니다.

1 형제가 매일 다투고 싸웁니다.

2 양보를 하지 않아서 문제가 많아요.

3 친구들이랑 관계가 좋지 않아요.

4 공공장소에서 자기 마음대로 행동해요.

그럴 때는 오히려 차분한 마음으로 앞서 소개한 8가지 말을 들려주며 본질적인 원인을 해결하는 게 중요합니다.

아이는 어느 문제점 하나만 해결하면 다시 원활하게 돌아가는 기계가 아닙니다. 부모의 말을 통해서 스스로 생각하게 된 아이는, 자기 삶에서 내린 양보와 친절의 정의를 실천하며, 누가 뭐라고 하지 않아도 중심이 딱 잡힌 사람으로 살아갑니다. 적절한 말에는 위대한 힘이 있습니다. 꼭 기억하셔서 지금부터 실천해 보세요. 그러면 내일부터 바뀔 것입니다.

◆ 아이와 함께하는 하루 ◆

아이와 나누었던 대화를 떠올리며 반응이 좋았던 예쁜 말 중 하나를 골라 써 보세요. 아이가 어떤 반응을 보였는지, 왜 아이가 그 질문을 좋아했는지 떠올리며 마음에 다시 한번 담아 주세요.

부모의 예쁜 말

아이의 반응

4

세상을 살아가는 힘

아이에게
사랑을 제대로 전하면
자존감이 커진다

아이의 단점을 장점으로 바꾸는 건
부모의 몫입니다

아이의 단점을 어떻게 장점으로 바꿀 수 있을까요? 그건 아이의 몫이 아니라 부모의 몫입니다. 아이 자체를 바꾸는 게 아니라, 아이를 바라보는 부모의 시선만 바꾸면 지금 당장이라도 만날 수 있는 아름다운 현실이기 때문입니다. 아이의 모든 단점은 좋아진다는 기분 좋은 신호이자 과정입니다. 그걸 발견해서 아이에게 말해 줄 수 있다면 아이의 자존감은 그만큼 더 탄탄해지겠죠.

이때 부모도 자신의 단점을 다시 인식하고, 장점으로 바꾸어 바라보면서 동시에 이전보다 탄탄한 자존감의 소유자가 되죠. 그러면 이전보다 내면이 단단해진 부모를 바라보며 아이도 자존감이 탄탄해지죠. 이처럼 좋은 건 늘 선순환이 됩니다. 부모의 섬세한 시선이 가족 모두가 가질 자존감의 크기를 결정하는 중요한 역할을 합니다.

아이가 다음과 같은 유형이라면 시선을 어떻게 바꾸어 바라보아야 할지 생각하며 읽어 보세요.

식성이 까다로운 아이

➔ 입맛이 섬세한 아이

불안과 두려움이 큰 아이

➔ 모든 경우를 짐작하고 예상할 능력을 가진 아이

진도가 느린 아이

➔ 확실하게 알고 넘어가는 아이

융통성이 없는 아이

→ 자기 기준과 원칙이 분명한 아이

밤에 자꾸만 늦게 자는 아이

→ 호기심이 많아서 하고 싶은 게 많은 아이

같은 질문을 반복하는 아이

→ 좀 더 확실하게 알고 싶어 하는 아이

혼자 있는 걸 좋아하는 아이

→ 자기만의 색을 만드는 아이

투정을 부리는 아이

→ 힘든 마음을 표현할 적절한 말을 찾는 아이

선택 앞에서 망설이는 아이

→ 모든 것의 장점을 알아서
하나만 고르기 힘든 아이

불만이 많은 아이

→ 고치고 싶은 게 눈에 많이 보이는 아이

말이 별로 없는 아이

→ 늘 깊이 생각하는 신중한 아이

준비성이 부족한 아이

→ 순간에 좀 더 집중하는 아이

자신 있게 앞으로 나서지 못하는 아이

→ 앞으로 나설 근거를
차곡차곡 쌓으며 준비하는 아이

책을 한 권만 반복해서 읽는 아이

→ 매일 다른 질문을 통해
같은 책도 다르게 읽는 아이

부모의 지혜로운 질문으로
아이 인생의 수준이 달라집니다

한 사람의 언어 수준은 그가 앞으로 볼 세계를 결정합니다. 아이가 앞으로 만날 세계의 수준은 부모가 보여 준 언어를 통해서 지금도 하나하나 결정되고 있지요.

일상에서 산책할 때나 식사할 때 늘 아이에게 지금 소개하는 말을 들려주며 대화해 보세요. 부모의 지혜로운 질문 하나로 아이가 살아갈 인생의 수준이 달라집니다.

장난감이 많으면 꼭 좋은 걸까?
넌 어떻게 생각하니?

최근 가장 부끄러웠던 기억이 언제야?
다시 돌아가면 어떻게 하고 싶니?

너랑 엄마의 공통점이 뭘까?

우리 5개만 찾아볼까?

엄마 아빠가 무슨 말을 할 때

가장 기분이 나쁘니, 그 이유는 뭐야?

자신의 생각을 야무지게

잘 말하는 사람이 있지.

그렇게 되려면 어떤 책을 읽어야 할까?

인사를 잘하면 뭐가 좋은 걸까?

왜 그렇게 생각하니?

요즘 엄마랑 같이 하고 싶은 일이 있니?

_____

_____

너는 너 자신을 어떻게 생각하니?

그렇게 생각하는 이유는 뭐니?

_____

_____

올해가 가기 전에

꼭 하고 싶은 일이 있다면?

_____

_____

'아, 정말 사랑스럽다.'라는

생각이 든 풍경을 본 적 있니?

_____

_____

요즘 혼자 있을 때 뭘 하면서 시간을 보내니?

네가 용기를 내지 못할 때,
뭐라고 응원하면 힘이 날 것 같아?

엄마랑 아빠는 사이가 어떤 것 같아?
그렇게 생각하는 이유는 뭐야?

네가 생각하는 너만의
최고 장점 3개를 꼽는다면?

아이의 자존감을 키워 주는
'애착 언어'

부모의 '애착 언어'를 듣지 못하고 자란 아이는 사랑받지 못해서 '집착'하는 사람으로 자랍니다. 문제는 그게 끝이 아니죠. 아래와 같은 태도로 삶을 바라볼 테니까요.

1 상호 작용이 무엇인지 모르며

2 자신의 마음을 언어로 표현하지 못하고

3 분리에 대한 극심한 고통을 느끼며

4 집중력과 탐구력이 최하로 떨어지고

5 자신을 신뢰하지 못해서 쉽게 좌절하며

6 수동적이라서 늘 세상을 부정적으로 봅니다.

애착 언어는 아이가 어릴 때만 들려주고 끝내는 일시적

인 것이 아닙니다. 어른에게도 사랑과 애정의 언어가 늘 필요하듯, 매일 새로운 날을 맞이하는 아이에게도 계속 필요하죠. 안타깝게도 제대로 애착 언어를 듣지 못한 아이는 다른 사람의 눈을 제대로 마주 보지 못합니다. 사랑과 애정을 받아 본 적이 없어서 나누거나 느끼지도 못하기 때문입니다.

다음에 소개하는 애착 언어를 아이와 나누는 일상에서 습관처럼 활용해 주세요. 부모가 이런 '애착 언어'를 어릴 때부터 자주 들려줘야 사랑받는다고 느껴서 아이의 자존감이 탄탄해집니다.

◆

네가 말할 때마다
저절로 귀를 기울이게 돼.

———

네가 잘할 때도 못할 때도
늘 같은 마음으로 사랑해.

———

너에게 집이
가장 따스한 곳이면 좋겠어.

———

엄마(아빠)는 너랑 같이 있는 시간이
어느 때보다 소중해.

◇

사소한 걸 자꾸 확인하는 아이는
대체 왜 그럴까요?

"엄마, 나 화장실 갈게요."

"할머니에게 전화해도 돼?"

"아빠, 나 물 마셔도 돼?"

생각보다 이런 말을 하는 아이가 많습니다. 그럴 때마다, 부모는 조금은 답답한 마음에 이렇게 답하지요.

"그런 건 굳이 묻지 않아도 돼."

"앞으로는 그냥 하고 싶은 대로 하렴."

하지만 그런 습관은 쉽게 고쳐지지 않습니다. 왜 그럴까요? 굳이 말로 할 필요가 없는 문제를 자꾸 언급하며 확인하는 아이들의 마음을 들여다보면, 이런 놀라운 바람이 녹아 있습니다.

'조금 더 사랑받고 싶어요.'

'같이 이야기 나누고 싶어요.'

'엄마 아빠, 저 여기에 있어요.'

결국 화장실에 가고, 전화하고, 우유를 마시겠다는 그 모든 말속에는 사랑받고 싶고, 이야기 나누고 싶다는 마음이 숨어 있는 거죠. 큰일 아니라고 생각할 수도 있고, '나는 지금도 충분히 사랑을 주고 있다.'라고 생각하며 넘길 수도 있습니다. 하지만 중요한 건 아이의 생각이죠. 아무리 부모가 사랑과 관심을 충분히 줬다고 생각해도, 전해지지 않았다면 느낄 수 없는 거니까요.

처음에는 자꾸 당연한 걸 묻는 아이를 보며 이렇게 긍정적으로 생각할 수도 있습니다.

1 참 섬세한 성격이구나.

2 위험하다고 생각해서 그랬구나.

3 늘 허락받고 행동하네.

하지만 앞에 언급한 것처럼, 그 안에는 전혀 다른 감정이 숨어 있는 것입니다.

어릴 때는 당연한 것들을 자꾸 확인하며 자신의 존재를 확인하지만, 시간이 지나 사춘기가 지나면서는 부정적으로 바뀝니다. 부모의 기대에 미치지 못하는 자신을 미워하기 시작하는 거죠. 자신을 향한 미움으로 모든 불만이 집중되는 것입니다. 무자비할 정도로 자신을 가혹하게 대하죠. 사춘기 이후에 발생하는 수많은 문제가 결국에는, 어릴 때 당연한 것들을 확인하면서 시작하는 겁니다. 모든 결과에는 늘 시작이 있습니다.

그간 아이는 당연한 것들과 별것 아닌 것들을 말하며, 자꾸만 자신의 존재를 증명하려고 했던 거죠. 물론 비언어적인 요소인 행동과 눈빛, 그리고 다양한 느낌으로도 사랑을 전할 수 있지만, 진한 사랑을 충분히 전하려면 무엇보다 '부모의 말'이 중요합니다. 습관이 되면 아주 좋을 6가지 사랑의 말을 전합니다.

이 말을 자주 들려주면 부모의 사랑을 자꾸 확인하려는 아이의 말과 행동이 조금씩 줄어들고, 동시에 아이의 자존감이 높아질 겁니다.

부모의 말을 통해 아이라는 역사는 좀 더 깊어지고 넓어집니다. 부모의 사랑이 충만하면 아이는 자신을 증명하려고 애쓰지 않습니다.

◆

넌 충분히 잘하고 있어.
많이 많이 사랑해.

———

어쩌면 이렇게 눈빛이 다정할까.
보고만 있어도 기분이 좋아진다.

———

이렇게 꼭 안고 있으면,
모든 걸 다 가진 것 같아.

———

내 마음 속에 항상 네가 있어,
자랑스러운 내 보물.

◇

잔소리 대신 스스로
움직일 수 있는 말을 들려주세요

"이게 과연 아이에게 통할까요?"

아이에게 잔소리 대신 할 수 있는 말을 알려 드렸을 때, 부모님들이 흔히 하는 말입니다. 충분히 그렇게 생각할 수 있습니다. 그러나 그런 의문을 품기보다는 행동으로 옮겨 보세요. 실제로 적용해 본 분들의 말은 전혀 다릅니다.

"정말 아이가 바뀌기 시작했어요."

그렇게 잔소리를 하고 또 해도 바뀌지 않던 아이가 한마디 말로 바뀐 이유가 뭘까요? 아이 입장에서는 부모의 말이 이해되지 않기 때문입니다.

명령이나 강요가 아닌, 그 일을 실천하면 맞이할 결과가 어떤 것인지 아이가 생생히 그릴 수 있게 해 주세요. 그러면 아이도 스스로 가치를 깨닫고 움직입니다.

아이가 숙제하지 않고 노는 상황에서는 어떤 말을 하면 좋을지 한번 생각해 보세요.

"숙제는 다 하고 노는 거니?"

→ 뭘 먼저 하는 게 좋은 선택일까?

순서에 맞게 하나하나 하면 돼.

부모님께 아이에게 예쁘게 말하라고 하는 건, 그저 듣기에 좋은 단어와 표현을 사용하라는 것이 아닙니다. 아이가 이해하며 스스로 깨닫고 움직일 수 있는 말을 들려주라는 것입니다. 예쁜 말은 이해가 가능한 말입니다. 이 사실을 꼭 기억하며 다음 글을 읽고 필사해 주세요.

엄마(아빠)가 차려 준 밥, 다 안 먹으면 혼난다.

➜식사를 멋지게 즐기면

네 몸도 더 건강해질 거야.

어른을 보면 인사를 해야지!

➜인사는 네 좋은 마음을 전하는 거야.

엄마(아빠)가 분명히 어제 일찍 자고,

일찍 일어나라고 했어, 안 했어?

➜밤에 조금만 일찍 자면,

아침에 웃으며 일어날 수 있지.

장난감 갖고 놀았으면 정리하라고!
→어지러운 방을 정리하면
네 기분까지 좋아질 거야.

위험하니까 하지 말라고!
→두 번 세 번 조심하면 해낼 수 있어.

사람들이 많은 장소에서는
조용히 놀아야 한다고 했지!
→네가 조금만 조용히 놀면
우리 모두가 좋은 시간을 보낼 수 있어.

어디에서 배운 거야?

그런 못된 말은 하지 말라고 했지!

➜ 너랑 그런 못된 말은 어울리지 않아.

너랑 어울리는 말을 하려면 어떻게 해야 할까?

핸드폰 버리기 전에 그만해!

➜ 엄마는 네가 알아서 척척 멈추고

꼭 해야 할 일을 할 때 참 멋지더라.

엄마 아빠가 다, 너 잘되라고 하는 말이잖아.

➜ 네가 웃으면

엄마 아빠도 행복해져서 그러는 거야.

아이가 넘어지거나 실패했을 때
용기와 희망을 주는 말

어린아이들은 걸을 때 잘 넘어집니다. 전혀 넘어질 상황이 아닌데도 넘어져서 부모 마음을 아프고 힘들게 하죠. 보통 아이가 넘어지면 짜증을 내며 이런 말을 하기도 합니다.

"넌 어쩌면 운동 신경이 그 모양이냐.

쯧쯧, 애도 아니고 맨날 넘어지기나 하고!"

저도 마찬가지로 어릴 때 잘 넘어지는 아이였습니다. 하지만 제 어머니는 전혀 다른 관점에서 긍정의 말을 들려주었습니다. 제 삶의 태도까지 바꾼 말이라서 아직도 귀에 생생하게 들릴 정도입니다. 바로 이 말입니다.

"우리 종원이는 운동 신경이 좋아서

넘어질 때도 다치지 않게 잘 넘어지네."

같은 상황에서 같은 방식으로 넘어졌지만, 보는 관점이 다르니 표현도 달라진 거죠. 이렇게 반문할 수도 있습니다.

"운동 신경이 없는 아이에게 말해도 될까요?"

"맨날 넘어지는 아이에게도 괜찮을까요?"

자, 여러분 한번 생각해 보세요. 넘어지거나 실패할 때 아이에게 필요한 게 뭘까요? 철저한 분석과 냉정한 판단일까요? 아닙니다. 그때 아이에게 정말 필요한 건, 다시 일어설 수 있게 용기의 말을 들려주는 겁니다. 요즘 유행하는 말로 거창하게 표현하자면 '회복탄력성'이라고 부를 수 있겠네요.

실제로 부모에게서 희망과 용기의 말을 자주 듣고 자란 아이들은 일상에서 실패해도 스스로 잘 일어나고 도전을 망설이지 않습니다. 부모가 곁에 없을 때에도 부모가 들려준 말이 여전히 남아서, 아이의 삶과 몸을 일으켜 주기 때문입니다.

아이들은 넘어지고 실패하면서 더 크고 단단한 사람으로 자랍니다. 하지만 어떤 아이는 넘어질 때마다 더 크게 성장해서 일어나고, 또 어떤 아이는 넘어질 때마다 자꾸만 더 작아지고 나약해지죠. 아이가 넘어지거나 실패할 때 들려주는 부모의 말이 같은 아이도 다르게 키웁니다. 부모의 말이 얼마나 큰 힘을 가졌는지 쉽게 이해되지 않는다면 여러분이 넘어진 아이라고 생각하며 다음 두 말을 비교해서 읽어 보세요.

"넌 어쩌면 운동 신경이 그 모양이냐.
쯧쯧, 애도 아니고 맨날 넘어지기나 하고!"
➜ "우리 아이는 운동 신경이 좋아서
넘어질 때도 다치지 않게 잘 넘어지네."

어떤가요? 같은 상황에서도 희망과 용기를 주는 말을 자주 듣고 자란 아이들이 나중에 더 큰 사람으로 성장하는 건 어쩌면 당연한 결과라고 볼 수 있습니다. 회복탄력성을 키우는 말을 일상에서 자주 들려주세요. 어렵지 않습니다. 이어서 소개하는 말을 필사와 낭독을 통해서 여러분의 언어로 만들면 됩니다.

◆

네가 태어난 후부터
우리 집에 좋은 일만 생기네.

———

우리 아이가 하는 일이라면
언제든 믿을 수 있지.

———

네 웃는 얼굴을 보며 하루를 시작하면
그날은 좋은 일이 더 많이 생기더라.

———

늘 좋은 방향으로 생각하면
결국 좋은 일이 생긴단다.

◇

아이의 자존감을 키워 주는 건
칭찬이 아닌 격려입니다

자신감과 자존감의 차이를 아시나요? 자신감은 어떤 일의 결과로 세상이 주는 것이라면, 자존감은 어떤 일을 시작한 동기와 거기에 쏟은 노력의 가치를 스스로 발견하며 자신에게 주는 선물과 같습니다. 그래서 자신감은 세상이 주는 평가에 따라 늘 달라지지만, 스스로에게 준 자존감은 한 번 가지면 쉽게 사라지지 않죠.

자존감 형성은 어릴 때 매우 중요합니다. 부모의 적절한 말을 들은 아이가 자존감을 탄탄하게 다질 수 있으니까요. 이때 필요한 게 칭찬과는 결이 다른 '격려'를 활용하는 것입니다. 칭찬이 일에서 나온 결과만 주목해서 나온 말이라면, 격려는 아이의 내적인 동기와 노력을 조명하는 말입니다. 그래서 칭찬은 자신감과 관련이 있고, 격려는 자존감 형성

에 매우 큰 역할을 하죠. 아이의 자존감 형성에 결정적인 영
향을 미치는 부모의 말을 소개합니다.

실수한 덕분에
배울 수 있는 거야.

쓴맛을 경험해 봐야
단맛이 더 소중해지지.

잘해서 특별한 게 아니라
달라서 특별한 거란다.

자신에게 예쁜 말을 들려줘야
마음이 더 건강해지는 거야.

네가 스스로 내린 결정이
세상이 정한 정답보다 소중해.

너는 지금 잘하고 있어.

잘해서 특별한 게 아니라 달라서 특별한 거란다.

시간을 귀하게 쓰면
특별한 하루를 보낼 수 있어.

그 어려운 걸 또 해냈네.
꾸준히 하면 결국 해낼 수 있지.

집중하는 모습까지 어쩜 이렇게 근사할까.

무엇이든 반복하면 빛이 난단다.

주변에 휘둘리지 않는
단단한 내면을 길러 주세요

"요즘 어떤 생각을 하니?"라는 엄마의 말에 한 아이가 이렇게 답했습니다.

"엄마, 나 세상에 태어나길 정말 잘한 것 같아요."

그러자 엄마는 그 이유를 물었죠. 아이는 사랑스러운 표정으로 이렇게 답했습니다.

"같이 있으면 좋잖아요, 늘 화목하고."

여러분, 어떤 생각이 드나요? 보기만 해도 사랑스러운 내 아이가 스스로 태어나길 정말 잘했다고 말하며 그 이유를 화목한 가정에 있다고 하니, 부모 입장에서는 이보다 행복한 일이 없죠. 여기에서 중요한 건 무엇일까요? 바로 '내면'의 강도입니다. 한 가정의 구성원이 모두 단단한 내면의 소유자가 되어야 비로소 그 안에서 사랑과 기쁨이라는 꽃이

피어날 수 있기 때문입니다. 다정하고 예쁜 말도 마찬가지죠. 바람에 흔들릴 정도로 연약하다면 중심을 잃고 서로에게 화를 내며 분노만 내뱉는 가족의 삶을 살게 됩니다.

반면 주변에 휘둘리지 않는 단단한 내면을 가진 부모와 아이는 서로에게 어떤 말을 들려주며 하루를 보낼까요?

누구에게나 자신만의 빛이 있어.
중요한 건 그 빛을 잃지 않는 거야.

서로의 가치를 발견하며 지켜주는 부모와 아이만큼 내면이 단단한 가족이 또 있을까요? 또 어떤 말을 들려줄지 마음에 담으며 필사해 보세요.

◆

하루하루 올바르게 살면
세상 그 무엇도 두려울 게 없어.

———

실수하고 실패해도 괜찮아.
우리는 노력하는 과정에서
이미 많은 보상을 받았으니까.

———

내 마음의 주인은 나야.
나만 나를 움직일 수 있지.

———

자기 자신을 믿는 순간
힘든 시간을 견딜 인내심을 가질 수 있어.

◇

◆

강한 사람은 다른 사람이 아닌
자기 자신을 이길 수 있는 사람이야.

———

성공한 만큼 크는 게 아니라
도전한 만큼 크는 거야.

———

엄마는 늘 네가 자랑스럽고
너의 내일을 기대한단다.

———

왜 사는지 아는 사람은
그때부터 시간을 아껴서 쓰지.

◇

아이의 7가지 신호를 읽고
속마음을 알아주세요

아이의 모든 행동에는 나름대로 이유가 있습니다. 이유 없이 울고 징징거리는 아이는 없지요. 부모 입장에서는 반항하거나 무기력하고, 공격적인 아이의 모습을 보면 답답하고 속상합니다. 하지만 아이들의 그런 모습은 일종의 신호라고 보시는 게 좋습니다.

'저는 지금 이 문제로 답답해요.'

'부모님이 저에게 주는 사랑을 제가 품에 다 담을 수 있게 이 문제를 좀 해결해 주세요.'

다음에 소개하는 7가지 아이 모습을 보며 숨은 속마음을 파악해 보세요. 어떻게 바꾸어 말할지 생각해 보고 부모의 말로 만들어 아이에게 적절히 들려주면, 사랑받고 잘 자란 아이로 키울 수 있습니다.

징징거리는 아이

아이의 마음　내가 아는 단어로는 내 마음 표현이 어려워요!

이렇게 말해 주세요

뭘 원하는지 말하기 좀 어렵니?

말하기 어려울 정도로 힘들었구나.

무기력한 아이

아이의 마음　나는 잘하는 게 하나도 없어요.

이렇게 말해 주세요

엄마 아빠는 너의 이런 면도 참 좋아.

져도 이겨도 우리는 너를 사랑해.

묻고 또 묻는 아이

아이의 마음　나는 더 확실하게 알고 싶어요.

이렇게 말해 주세요

얼마든지 더 물어보렴.

우리 같이 더 생각해 보자.

반항하는 아이

아이의 마음　나는 지금 상처받아서 아픈 상태라고요!

이렇게 말해 주세요

아, 그런 마음이었구나.

그게 안 돼서 힘들었구나.

귀찮게 구는 아이

아이의 마음　저는 지금 관심이 필요해요.

이렇게 말해 주세요

좋아, 엄마 아빠랑 같이 재밌게 놀자.

오늘은 뭘 같이 하면 더 행복해질까?

공격적인 행동을 하는 아이

아이의 마음　나도 내 마음이 마음대로 안 돼요!

이렇게 말해 주세요

뭐가 잘 안 되니?

차분하게 생각하면 괜찮아져.

힘겨루기하는 아이

아이의 마음　나한테 자꾸 명령하지 마세요.

이렇게 말해 주세요

네 생각은 어떠니?

그건 엄마 아빠가 잘못했어.

내 아이를 사랑받으며
잘 자란 아이로 키우는 부모의 태도

부모에게 사랑을 많이 받고 자란 아이들에게는 아주 특별한 능력이 하나 있습니다. 바로 힘겨운 세상을 당당하게 이겨 낼 수 있는 힘이 있다는 사실이죠. 그래서 부모는 무조건 자식에게 사랑을 전해야 합니다. 하지만 그게 쉬운 일은 아닙니다. 그냥 저절로 되는 게 아니기 때문입니다.

부모는 가끔 착각합니다.

'내 아이는 내가 가장 잘 알지!'

아이를 낳아서 키운다는 것이 그 아이를 잘 안다는 사실을 증명하지는 않습니다. 24시간 내내 곁에서 키운다고 해서 아이를 다 아는 게 아닙니다. 안다는 착각이 사랑을 제대로 전하지 못하는 큰 이유가 되기도 합니다.

사랑은 주는 걸로 끝나는 게 아니라, 상대에게 제대로 전해졌을 때 비로소 완성됩니다. 받는 것까지 사랑의 완성인 셈이죠. 사랑은 언제나 표현해야 느낄 수 있습니다. 가슴이 아무리 뜨거워도 그 온기를 아이가 느낄 수 없다면 아무런 소용이 없죠. 내가 너를 얼마나 사랑하는지, 그 마음이 얼마나 귀하고 빛나는지, 아이에게 말로 분명하게 전해 주세요.

부모에게 사랑받지 못한 아이는 세상에 나가 방황합니다. 어찌 보면 중심을 잡지 못한 아이가 흔들리는 건 당연한 결과입니다. 부모에게 받지 못한 사랑은 세상 어디에 가도 받을 수 없습니다. 부모도 주지 못했는데, 대체 누가 줄 수 있겠어요. 그러니 누구에게도 미루지 마세요. 아버지가 하지 못하면 어머니가, 어머니가 하지 못하면 아버지가 해야 합니다. 다른 건 하나도 따지지 말고, 그저 사랑을 좀 더 선명하게 전할 능력이 있는 사람이 지금 바로 해야 합니다.

사랑을 전하지 못하고 방치한 아이의 일상은 그저 그렇게 사라지지 않습니다. 부모의 사랑을 받지 못한다는 것은 아이 입장에서 버려지는 것과 같기 때문이죠. 부모가 아이에게 사랑을 전하지 못하면, 아이는 평생 상처만 받고 살아갑니다. 그런 아이는 어른이 되어서도 스스로 방황을 멈출 능력이 없어 괴롭습니다. 무기력에 빠져 늘 외로움 속에서 고통받지요. 그러니 이 사실을 꼭 기억하세요.

"사랑을 배울 수 있는 유일한 방법은 부모에게 진실한 사랑을 받는 것입니다."

사랑을 듬뿍 받고 자란 아이는 커서 어떤 고난이 와도 당당하게 이겨내며, 자신이 받은 사랑을 주변에 전하며 삽니다. 자연스럽게 모든 사람에게 사랑받는 예쁜 존재가 되죠. 사랑도 받아 봐야 알 수 있는 것입니다. 사랑을 받아 본 적 없는 아이는 사랑이 무엇인지도 모르니 사랑을 어떻게 주변에 표현해야 하는지도 모른 채 평생을 살지요. 그 삶이 얼마나 고되고, 얼마나 힘들겠어요. 마음은 이게 아닌데, 표현하지 못해 오해가 끊이지 않는 삶을 살 테니까요.

세상은 생각처럼 만만하지 않습니다. 우리 아이들은 상상하는 것보다 힘들고 어려운 길을 걸어야 합니다. 아이를 정말 많이 사랑해 줘야, 그 힘든 길 위에서 지치지 않고 자신의 삶을 완성할 수 있지요. 넘어져도 부모에게 받았던 사랑을 회상할 수 있어야 웃으며 일어날 수 있습니다. 그렇게 부모에게 사랑받았던 기억은 아이에게 언제나 다시 일어설 힘을 줍니다.

부족하지 않게 온전한 사랑을 지금 아이에게 전해 주세요. 사실 사랑의 감정을 느끼는 건 쉽지만, 그 감정을 말로 표현하는 건 정말 어려운 일입니다. 사랑이라는 감정을 이루는 인내와 이해, 공감과 진심 같은 느낌을 말로 표현해야 하기 때문이죠. 그래서 인문학의 종착지는 소중한 사람에게 예쁜 말을 전하는 것입니다. 아이에게 사랑을 표현하려면, 높은 수준의 지성이 필요하지요.

"난 원래 표현을 못하는 성격이라서!"

"무뚝뚝한 성격이라 그게 힘들어!"

이런 식의 변명은 그저 변명일 뿐입니다. 원래부터 그런 사람은 없습니다. 쉽게 말해서 의지가 부족하거나, 하지 않은 것입니다. 사랑을 느끼는 건 '감정의 영역'이지만, 그 사랑을 전하는 건 '의지의 영역'이기 때문이죠. 아이가 내 사랑을 느낄 때까지 멈추지 않고 사랑을 전하겠다는 의지를 가져야 합니다. 가족은 사랑으로 하나가 되어야 합니다. 사랑만이 유일한 길입니다.

물론 살다 보면 너무 힘들어서 사랑이고 뭐고 다 포기하고 싶을 때가 있습니다. 그럴 때는 이런 생각을 해 보면 도움이 됩니다.

내가 내 아이를 선택한 것이 아닌 것처럼, 내 아이도 스스로 나를 선택한 것이 아니다. 만약 아이에게 부모를 선택할 기회가 있었다면, 과연 나를 선택했을 거라고 자신할 수 있을까? 나는 누군가의 부모가 될 정도로 대단한 사람인가?

나도 죽을 것처럼 힘들지만, 아이도 힘들기는 마찬가지입니다. 서로 잘 맞아서 같이 사는 것도 아니고, 스스로의 의지로 선택한 것도 아니니까요. 결국 답은 이것 하나입니다. 우리는 이미 경험을 통해서 알고 있지요. 아이는 싸우고 미워하려고 키우는 게 아니라, 어제보다 오늘 더 사랑하려고 키우는 것입니다.

◆ 나를 돌아보는 시간 ◆

오늘 아이에게 어떤 말을 했나요? 아이에게 했던 말 중에 마음에 걸리는
표현이 있는지 돌아보고, 어떻게 바꾸어 말할지 함께 써 보세요.

오늘 아이에게 했던 말

내일 아이에게 들려주고 싶은 말

5

지성과 인성을 키우는 방법

———

부모의 시작은

아이에게

기적의 시작이다

———

지성과 인성 모두 뛰어난 아이로
키우는 '왜냐하면'

어릴 때 아이들이 하는 말은 대부분 부모나 주변 어른, 혹은 그동안 보았던 다양한 영상이나 읽었던 책에서 나옵니다. 순수한 자기 생각은 별로 없죠. 이 사실을 자각하는 게 매우 중요합니다. 간혹 아이들이 어른스럽게 말하거나 멋진 말을 했을 때, 그건 다른 누군가의 생각에서 나온 말을 그대로 암기해서 낭독한 것에 불과하죠. 그 말을 아이만의 것으로 바꾸려면, 반드시 '이 한마디 말'이 필요합니다. 그 한마디는 바로 이것입니다.

'왜냐하면'

어디에선가 보고 듣고 배운 것에 대한 자기만의 생각이나 느낌을 묻는 '왜냐하면'이라는 말이 필요합니다. 그래야 아이가 어떤 사실에 대한 자신의 이유를 생각하며 설명까지

할 수 있습니다. 아이에게 어떤 말을 하면 좋을지 아래 글을
읽으며 생각해 보세요.

왜 그렇게 생각하니?

먹지 않고도 살 수 있다면,
세상은 어떻게 변할까?

음악을 다 듣고 나니
기분이 어때?

이 라면은 맛이 어떤 것 같아?

365일이 모두 휴일이면,
세상에 어떤 변화가 생길까?

저 물건은 어떤 쓸모가 있을까?

초인적인 능력을 가질 수 있다면,
어떤 능력을 갖고 싶니?

+ 아이의 말 +

여기에 어떤 특별한 게 있을까?

네가 이 책을 다시 쓴다면,
주인공은 누구로 하고 싶어?

오늘 어떤 일이 가장 기억에 남니?

+ 아이의 말 +

이쯤에서 이런 생각을 하실 수 있습니다.

"그래. 그 방법으로 뛰어난 지성을 가질 수 있다는 사실은 알겠어. 그런데 그게 인성이랑 무슨 상관이 있다는 거지?"

지성과 인성은 결국 하나로 연결됩니다. 인성은 지성의 끝에서 얻을 수 있는 가치이기 때문이죠. 지금까지 말했지만 제가 강조하는 지성은 단순히 많이 아는 사람이 아닙니다. 검색만 하면 바로 나오는 정보나 지식은 아무리 많이 알아도 삶에 큰 영향을 주지 못합니다. 누구나 아는 것이기 때문이죠.

하지만 그 지식과 정보에 대한 나의 생각과 느낌은 다릅니다. 지식과 정보에 내 생각과 느낌을 덧붙여 말할 수 있다면, 그때부터는 그것들이 온전히 나의 것이 되기 때문입니다. 그게 바로 지성의 끝에서 인성을 얻을 수 있는 이유입니다. 스스로 생각하고 판단하는 능력이 생기면, 무엇이 옳고 무엇을 선택해야 소중한 사람을 행복하게 해 줄 수 있는지 섬세하게 판단하고 행동할 수 있기 때문입니다. 스스로 생각할 수 있어야, 인성이라는 단어도 삶에 녹여 낼 수 있는 거죠.

앞서 소개한 10가지 질문을 꼭 기억하세요. 부모가 이런 질문을 일상에서 자주 던지면 아이는 그 이유에 답하면서 저절로 '왜냐하면'이라는 표현을 사용하고, 자신이 보고 듣고 배운 것을 설명하게 됩니다. 세상을 자기만의 눈으로 바라보며, 설명까지 할 수 있는 천재적인 삶을 사는 거죠.

모든 아이는 각자 자기 삶의 천재로 태어났습니다. 다만 '이 한마디 말'을 제대로 배우지 못해서 그 소중한 능력을 쓰지 못하고 안타깝게 지우며 살지요. 천재와 천재가 아닌 사람을 구분하는 가장 중요한 분기점은 '설명'에 있습니다. 그저 암기하고 주입받은 지식은 나만의 것이 아니죠. 왜 그렇게 생각하는지 설명까지 할 수 있어야 비로소 나의 것이라 말할 수 있습니다.

창문을 닫을 때도
일어나는 아이 삶의 기적

날씨가 더워지면서 에어컨을 켜는 집이 늘어나고 있습니다. 에어컨을 켤 때 우리가 늘 반복하는 행동이 하나 있죠. 맞아요. 차가운 바람이 바깥으로 나가지 않도록 창문을 모두 닫는 일입니다. 이렇게 반복적으로 하는 일에는 언제나 아이 교육에 도움을 줄 수 있는 기회가 있으니, 상황에 맞는 적절한 말을 찾아 들려주는 게 좋습니다. 그리 어려운 일은 아닙니다. 에어컨을 켜는 동시에 이렇게 말하면 되지요.

"에어컨 켰으니까, 다 같이 창문 닫자."

에어컨 기능을 아직 잘 모르는 아이는 이렇게 묻습니다.

"에어컨을 켤 때, 왜 창문을 닫아야 해요?"

그럴 때 어떻게 대답하며 이야기를 나누면 좋을지 생각해 보고, 다음 내용을 읽어 보세요.

에어컨은 좀 더 시원하게 지내려고 켜는 건데,

창문이 열려 있으면 시원한 공기가

모두 바깥으로 나가 버려서

에어컨을 켠 의미가 없어져.

창문을 닫지 않으면

에어컨이 준 시원한 바람이

모두 바깥으로 나가서

계속 덥게 지내야 한단다.

에어컨을 켤 때 "다 같이 창문 닫자."라는 말 한마디로 아이들의 생각과 삶이 이렇게 바뀝니다.

> 1단계 시원한 바람이 사라지지 않게
>
>   스스로 알아서 창문을 닫는다.
>
> 2단계 주변을 더 섬세하게 관찰한다.
>
> 3단계 아깝게 사라지는 것들에 대해서 생각한다.
>
> 4단계 물건과 시간을 소중히 여기게 된다.
>
> 5단계 계획을 하고 하루를 지혜롭게 보낸다.

이런 짐작도 하지 못한 수많은 긍정적인 변화는 언제나 부모의 사소한 말 한마디에서 시작된다는 사실을 기억해 주세요. 간단하지만 효과가 좋은 방법을 굳이 사용하지 않을 이유는 없겠죠.

이때 중요한 부분이 하나 있습니다. 아이를 믿을 수 없다는 이유로, 혹은 내가 하는 게 속이 편하다는 이유로 창문을 부모가 다 닫는 것은 좋지 않습니다. 그런 선택으로 인해 부모는 창문만 닫는 게 아니라, 아이의 가능성마저 닫을 수 있습니다.

어려운 일도 아니고 결코 복잡하지도 않습니다. 그저 한마디 말이면 충분하니까요. 다만 이걸 기억해 주세요. 결과만 중요하게 생각해서 부모가 모든 것을 알아서 다 해 버리면, 아이는 과정을 잃어버립니다. 즉, 생각하지 않게 되죠. 하지만 다 같이 창문을 닫자고 말하면, 아이는 이런 단계로 자기 삶에 기적을 일으키는 생각을 시작하게 됩니다.

1단계 창문은 왜 닫아야 하지?

2단계 더 살펴볼 곳은 없나?

3단계 난 무엇을 낭비하고 있을까?

4단계 시간을 좀 더 아껴서 쓰자.

5단계 그래, 유튜브는 그만 보고 책을 읽자.

자기 물건을 아끼는 아이가 자기 시간도 아껴서 쓰는 사람으로 성장합니다. 실제로 수많은 가정에서 한마디 말로 이룬 변화입니다. 아이가 어릴수록 변화의 속도는 더 빠릅니다. 중요한 건 지금 시작하는 것입니다. 시작이 곧 기적입니다.

아이의 생각을 확장하는
12가지 대화 주제

아이와 대화를 나눌 때 참 난감합니다. 늘 같은 주제로만 대화를 나누니 서로 할 수 있는 말도 너무 제한적이죠. 혹시 다음과 같은 이야기를 주로 하지 않나요? 한번 점검해 보세요.

"밥 먹었니?"

"게임 그만해!"

"점심에 뭐 먹을래?"

"주말에 어디 갈래?"

"친구랑 잘 지내지?"

이런 질문으로는 아이의 생각을 확장할 수 없습니다. 이런 질문 대신, 아이와 대화를 나눌 때 좋은 질문을 소개합니다.

시간이 딱 10분만 남았다면
어떤 책을 읽고 싶어?

노래와 춤, 하나만 잘할 수 있다면
네 선택은 뭐야?

위 질문을 비롯해 앞으로 소개할 질문은 아이의 생각을 확장할 수 있습니다. 처음에는 익숙하지 않을 수 있으니 필사로 익숙해진 다음에 아이와 대화를 나누어 보고, 아이의 대답까지 쓰면 더욱 좋습니다. 좋은 답을 찾으려면 좋은 질문을 던져야 하고, 부모가 던지는 질문의 수준이 곧 아이가 살아갈 인생의 수준이 된다는 사실을 기억해 주세요.

이번 생일에는
누구의 축하를 가장 많이 받고 싶어?

네가 교과서를 만든다면
어떤 과목을 넣고 어떤 과목을 빼고 싶어?

세상에서 가장 행복한 사람은
무엇을 가진 사람일까?

+ 아이의 말 +

주변에 믿음직한 친구가 있니?
보면 어떤 생각이 들어?

어떤 말을 들을 때
자신감이 생기니?

초등학생이 되면 용돈은 얼마 정도 받는 게 좋을까?
왜 그렇게 생각하니?

+ 아이의 말 +

요즘 말하지 못한 힘든 일 있니?
우리는 늘 너의 이야기를 들을 준비가 되어 있단다.

미운 사람이 생기면 어떻게 하니?

요즘 좋아하는 가수가 누구야?
그 사람은 어떤 매력이 있는 걸까?

+ 아이의 말 +

TV가 사라지면 세상은 어떻게 될까?
왜 그렇게 생각하니?

아이들에게 주면 안 되는
최악의 간식을 3개만 꼽는다면?

인내심은 인생에 어떤 영향을 미칠까?

+ 아이의 말 +

제대로 화를 내는 아이가
자기 감정의 주인이 됩니다

감정을 스스로 조절하고 제어하는 건 인생을 살아가는 데 큰 도움이 됩니다. 특히 그런 능력은 습관이 되기 때문에 최대한 아이가 어릴 때 길러야 하죠. 혹시 여러분은 '훈육이라는 이유로 매일 같은 일로 화를 내면서, 왜 나는 아이가 화를 낼 때 혼을 내지?'라는 생각을 해 본 적 없나요?

화는 자기 감정의 표현입니다. 화를 내지 않는 아이는 제대로 크는 아이가 아닙니다. 속으로 참고 있다는 증거이기 때문이죠. 부모는 적절한 말을 통해서 아이가 화를 '잘' 낼 수 있게 해야 합니다. 그래야 아이가 자신의 감정을 밖으로 원활하게 표현하며 자기 감정의 주인으로 살 수 있죠.

다음에 소개하는 글을 필사하다 보면 아이에게 어떤 말을 들려주면 좋을지 판단할 수 있을 겁니다.

살다 보면 나쁜 일도 일어나.

그럴 때는 좋은 것만 기억하는 거야.

'좋은 것만 나의 것이다.'

이렇게 생각하며 지나가자.

세상에 쉬운 일은 없어.

그러니 빠르게 하려고 하지 말고,

최대한 오래오래 하겠다고 생각하자.

무엇이든 오래 한 시간은 우리를 배신하지 않아.

사람은 결국 해 봐야 알아.

간혹 네 말을 이해하지 못하는 사람이 있다면,

"넌 아직 안 해 봤구나."라고 생각하며 넘겨.

그 사람도 해 보면 달라질 거야.

공부가 결코 인생의 전부는 아니야.

그런데 배우면 달라지더라.

하나를 배우면 몰랐던 하나를 깨닫고,

아는 만큼 다른 세상이 보인단다.

시간이 흐르면 문제도 해결될 것 같지?

그런데 대부분은 시간만 흐르고 끝나.

문제를 해결하는 건 결국 너 자신이란다.

움직이지 않으면 아무런 일도 생기지 않아.

가끔은 뻔뻔할 정도로

자기 자신만 생각하며 살아 보는 거야.

때로 자신감의 크기는

뻔뻔함의 크기와 일치하거든.

인생에 정답은 없어.

다만 자신의 감정은 정확하게 알아야 하지.

자기 감정을 제대로 알아야,

너만의 답을 찾을 수 있으니까.

누군가는 네가 숨 쉬는 걸 보며

'한숨'을 내쉰다고 비난할 것이고,

누군가는 네가 한숨을 내쉬는 걸 보며

숨소리도 예쁘다며 안아 줄 거야.

누가 너에게 더 필요한 사람인지 알겠지?

우리는 '가족'이라는 이름의 차를 탄 거야.

다만 엄마 아빠는 조금 먼저 탔지.

하지만 같은 차를 탄 사람에게

먼저나 나중은 아무런 의미가 없어.

우리는 같은 곳을 향해서 함께 가는 사람이니까.

누구나 자기만의 속도가 있지.

세상의 속도를 신경 쓸 필요가 없어.

다만 방향은 정말 중요해.

네가 어디로 가는지 방향은 꼭 알고 가야 해.

실전 그 이상으로 연습하는 이유는,

200% 이상으로 연습을 하면

실전에서 절반을 실패해도

100%를 해낼 수 있기 때문이란다.

아이와 함께 필사하면
마음이 예뻐지는 다정한 말

화가 나면 입에서 못된 말이 나옵니다. 그건 대부분의 부모가 마찬가지라서 괜한 자책감을 가질 필요는 없어요. 하지만 비꼬거나 못되게 말하는 건 무엇보다 자신에게 좋지 않다는 사실을 알아야 하죠. 그 말을 가장 먼저 듣는 건, 바로 자기 자신이기 때문입니다.

오늘 내가 하는 말에 따라서 내일 내가 어떤 사람이 되는지가 결정됩니다. 아래의 한마디 말을 기억하며 다음 장의 글을 아이와 함께 낭독하고 필사해 보세요.

나는 빛이 될 수 있는 말만 하겠습니다.

꽃을 좋아하는 사람은 꽃을 꺾지만

꽃을 사랑하는 사람은 물을 줍니다.

좋아하는 것과 사랑하는 건 다르죠.

그러니 사랑하는 소중한 사람들을

미워하지 말고 상처 주지 말아요.

사랑하는 사람들을 꽃이라고 생각하면

미웠던 부분까지 향기로 느껴집니다.

좋은 마음이 좋은 하루를 만듭니다.

좋은 마음을 가지고 살면

자꾸 좋은 소식만 생기기 때문이죠.

나쁜 생각은 잠시 잊어요.

그건 행복한 우리 집에

어울리지 않는 손님입니다.

한 번 생각하고 말하면

적당한 말이 나오지만,

두 번 생각하고 말하면

좋은 말이 나오고,

세 번 생각하고 말하면

선물처럼 예쁜 말이 나옵니다.

내 입은 선물이 나오는 출구입니다.

넘어지면 다시 일어날 수 있고

실패하면 다시 도전할 수 있습니다.

지금 내가 힘들다는 건

도전했다는 멋진 증거죠.

그러니 실수해도 괜찮아요.

넘어져도 자책할 필요 없어요.

그건 내가 한 번의 도전으로는 이룰 수 없는

근사한 목표를 갖고 있다는 말이니까요.

누군가를 환하게 사랑하면
내 마음까지 환해집니다.
세상을 밝히는 건 불빛이지만,
마음을 밝히는 건 사랑이죠.
사랑하면 할수록
내 마음도 점점 환해집니다.

무엇이든 결과의 순간은 짧고
과정은 아주 길죠.
좀 더 행복하고 싶다면
긴 시간을 차지하는 과정을
사랑하고 중요하게 생각해야 합니다.
점수와 순위에 연연하면 짜증만 나지만
그걸 해냈던 과정을 생각하면
오랫동안 행복할 수 있습니다.

몸집이 작아서 유리한 게 있고
반대로 커서 불리한 것도 있습니다.
중요한 건 크기가 아니라
쓸모를 찾고 발견하는 것입니다.
내게는 다양한 가능성이 있습니다.
나는 내 안의 모든 것들을 믿습니다.

잔소리라고 함부로 단정하지 말아요.
잔소리는 하는 사람이 아니라
듣는 사람이 결정합니다.
늘 좋은 방향으로 해석하는 사람들은
어떤 말도 잔소리로 듣지 않죠.
좋게 생각하면 어디에서든 배울 수 있습니다.

공포를 자극하는 서툰 위로를
격려의 말로 바꿔 주세요

각종 위험한 상황에서 부모의 말은 아이를 보호하며 감싸는 표현이 되죠. 하지만 듣는 아이의 마음은 어떨지 아래 글을 읽어 보세요.

> 무서워하지 마. 엄마 아빠가 있잖아.
>
> **아이의 마음**
>
> 이건 무서운 거야. 엄마 아빠가 없으면 위험해.

> 그건 위험해! 너는 아직 할 수 없으니 엄마 아빠를 기다리렴.
>
> **아이의 마음**
>
> 이건 난 절대 못하는 거야.
>
> 엄마 아빠가 없으면 난 할 수 없는 게 너무 많아.

'무서워하지 말라'는 말 자체가 이미 아이에게는 '이건 무서운 거야!'라는 확신을 줍니다. 게다가 '엄마 아빠가 있잖아.'라는 말까지 더했으니, 아이 입장에서는 '엄마 아빠 없이는 다가갈 수 없을 정도로 무서운 것'이라고 단정하지요. 아이를 위로한다고 생각하며 던진 말이 오히려 아이를 두려움의 동굴 속으로 가두는 꼴이 되어, 아이는 점점 혼자서는 쉽게 도전하지 못하는 나약한 존재가 됩니다.

아이가 일상에서 만나는 대상은 동물이 될 수도 있고, 물에 들어가지 못하는 어떤 상황일 수도 있습니다. 아이가 두려움 없이 도전하고 일상을 멋지게 살아갈 수 있도록 이런 말을 들려주세요.

막상 시작해 보면,

아무것도 아니야.

못해도 괜찮아, 큰일 아니야.

상상만 하는 것과 실제로 해 보는 건 많이 달라.

한번 해 볼 생각이 들면,

언제든 말해 줘.

우리 아기가 시작하면
무엇이든 더 기대하게 되더라.

이번에는 또 어떤 결과가 우리를 행복하게 해 줄까.

자꾸 보면 익숙해지고 자꾸 경험하면 수월해져.

무서운 마음은 누가 주는 게 아니야.
내가 이겨내면 현실을 바꿀 수 있어.

하루 14시간 핸드폰만 보며
사는 아이를 바꾼 한마디

믿어지시나요? 무려 14시간이나 핸드폰만 보며 사는 아이가 있습니다. 이런 생각을 할 수 있죠. "부모가 대체 누군데 아이를 그렇게 방치하냐?" 하지만 상황은 쉽지 않습니다. 아이의 부모는 제가 사는 동네에서 작은 식당을 운영하는데, 딱히 아이를 맡길 수 있는 곳도 없고, 형편도 넉넉하지 않아서 식당 일을 하는 내내 아이에게 핸드폰을 주고 혼자 놀게 할 수밖에 없었죠.

물론 14시간 내내 핸드폰을 하는 건 아니겠지만, 제가 볼 때 아이는 늘 핸드폰 화면을 보았고, 아이가 칭얼거릴 때마다 부모는 다시 핸드폰을 아이에게 주었습니다. 아이를 보며 안타까운 마음에 이런 말을 하는 손님들이 많았습니다.

"그러다가 눈 나빠진다!"

"쯧쯧쯧, 애가 이렇게 핸드폰만 보면 안 되는데."

아마 모두의 마음이 같았을 겁니다. 하지만 그 말을 듣는 부모의 마음은 얼마나 아팠을까요? 그 부모도 이런저런 생각을 해 봤겠지요. 누구는 그러고 싶어서 그러겠어요? 어쩔 수 없는 선택이겠지요. 부모의 슬픈 눈을 보며 그 모든 마음을 짐작한 저는, 이런 결심을 했습니다.

"좋아. 내 책을 선물하면서 아이와 같이 읽어 보는 거야!"

그래서 하루는 그림책 《나에게 들려주는 예쁜 말》을 들고 식당에 찾아갔습니다. 부부가 식사를 준비하는 동안 저는 부부에게 양해를 구하고 여전히 핸드폰을 보던 아이에게 다가가 함께 책을 읽었지요. 여러분도 제가 아이와 읽었던 내용을 필사로 마음에 담아 주세요.

◆

예쁜 말을 하면
오늘 더 예쁜 하루를 맞이할 거야.

———

나는 나라서 소중한 거야.

———

난 무엇이든 할 수 있어.
어려울 것 없어. 일단 해 보자.

———

내 마음에 솔직해야
맑고 투명한 하루를 만들 수 있어.

◇

처음에는 저를 어색하게 생각했던 아이도 시간이 지나며 조금씩 가까워졌고, 나중에는 책을 스스로 손에 쥐고 읽었습니다. 핸드폰만 잡았던 손에 드디어 책이라는 전혀 새로운 희망이 놓인 거죠.

아, 저는 그 기적과도 같은 순간을 아마도 평생 기억할 것 같습니다. 정말 인생이 바뀐 거니까요. 사실 저에게도 용기가 필요한 일이었습니다. 그 식당에 오가는 다른 손님들처럼, 그저 걱정스러운 한마디만 던지며 그냥 지나칠 수도 있었으니까요. 하지만 그간 수많은 가정의 변화를 직접 목격하며, 독서의 가치를 알고 있는 제가 그 안타까운 모습을 그냥 보고만 있을 수는 없었습니다. 그래서 용기를 낼 수 있었고, 마침내 이제는 핸드폰이 아닌 책을 손에 더 오래 쥐고 보는 아이의 놀라운 모습을 발견했지요.

모든 인생에서 독서는 매우 중요합니다. 하지만 5세에서 10세 사이에 경험하는 독서는, 여느 시기보다 아이 삶에 결정적인 역할을 하지요. 쇼츠와 릴스에 중독된 아이로 키우고 싶지 않다면, 하루 30분 이상 아이와 함께 책을 읽어 보세요. 시작하면 마침내 달라집니다. 우리에게 필요한 건 단지 지금 시작하려는 마음 하나입니다. 저는 그 식당의 아이를 만날 때마다 '이 한마디'를 묻습니다. 결국 이 한마디가 아이의 삶을 바꾼 거죠.

"오늘은 어떤 예쁜 말을 자신에게 들려줬니?"

그러면 아이는 해맑게 웃으며 책에서 읽었던 내용을 들려주죠. 제가 책의 힘을 믿고 아이에게 다가가 함께 책을 읽지 않았다면, 만날 수 없었던 기적이 현실에서 펼쳐진 것입니다. 그러니 늘 기억하세요.

부모의 시작이
아이에게는 기적의 시작입니다.

마음과 생각을 잘 표현하는
아이로 키우는 따뜻한 말

내 아이도 아닌데, 옆에 있기만 해도 좋은 에너지가 넘쳐서 저절로 호감이 가는 아이가 있습니다. 반면에 항상 부정적으로 생각하며 우울한 분위기를 풍기는 아이도 있죠. 차이점은 자기 마음과 생각을 잘 표현하는 데 있습니다. 자기 마음과 생각을 예쁘고 분명하게 말할 수 있는 아이는 존재만으로 주변에 기쁨과 행복을 전하지요.

어떤 방식으로 대화를 나누어야 자기를 잘 드러내는 아이로 키울 수 있을까요? 듣기만 해도 온기가 느껴지는 따뜻한 말이 필요합니다. 아이에게 들려주면 좋을 따뜻한 말을 소개하니, 일상에서 자연스럽게 나누며 가정에 행복을 더하시길 바랍니다. 꼭 기억해 주세요. 따뜻한 말이 습관이 되면 행복이 됩니다.

같이 도전하면

할 수 있어.

너무 자책하지 않아도 돼.

넌 할 만큼 했어.

좋게 보려고 노력하면

무엇이든 나쁘기만 한 건 없단다.

◆

우리, 너무 서두르지 말자.
제대로 하는 게 더 중요하니까.

———

너무 힘들 땐 울어도 괜찮아.
하지만 혼자서 울지는 말렴.

———

너무 걱정하지 마.
돌아보면 늘 엄마 아빠가 있을 거야.

———

네가 잘하면 잘해서 좋고,
못하면 잘할 일만 남았으니 또 좋지.

◇

긍정적으로 말하는 아이가
회복탄력성도 높습니다

평소에 자기 자신에게 긍정적으로 말하는 아이들의 공통점을 살펴보면 높은 회복탄력성의 소유자라는 사실을 알게 됩니다. 이유는 간단하죠. 어떤 불행이나 고통스러운 상황에 놓였을 때, 따스한 언어로 자신을 치유할 수 있어야 회복탄력성이 높아지기 때문입니다. 반면에 자기 자신에게 부정적으로 말하는 아이는 불안감이 크고 자신을 믿지 못해서, 아무리 공부를 열심히 해도 입력한 정보를 흡수하지 못하지요.

매우 중요한 지점입니다. 자기 자신을 표현하는 능력의 시작과 본질은 회복탄력성에 있다는 사실을 의미하기 때문입니다. 회복탄력성이 약해졌을 때 아이가 점점 어떻게 최악의 상황에 도달하는지 그 과정을 쉽게 설명해 보겠습니다.

부정적인 말이 습관인 아이는

하루하루가 불안해지고 시야가 좁아지며

공부가 제대로 안 되고 관계가 불안하며

회복탄력성도 낮아진다.

이런 상황을 피하기 위해 회복탄력성을 키워 주는 것이
무엇보다 중요합니다. 아이에게 이런 말을 들려주세요.

"네가 너 자신을 믿으면 모두가 널 도와줄거야."

아이의 회복탄력성을 높일 수 있는 8가지 말을 더 소개
합니다. 필사하며 내면에 담아 주시길 바랍니다.

모두의 마음속에는 두려움과 희망이 공존해.

우리는 늘 희망만 잡는 거야.

네 마음을 색으로 표현한다면

어떤 색이라고 말할 수 있을까? 왜 그렇게 생각하니?

네 마음껏 한번 해 보는 거야.

자신감 있는 시도가 그 어떤 결과보다 중요해.

왜 마음이 힘든지 자꾸 설명하다 보면

힘든 마음이 점점 사라져.

지금 네 마음이 어떤지

엄마에게 설명해 줄 수 있겠니?

몸집이 작은 건

전혀 중요한 문제가 아니야.

가능하다는 생각이

무엇이든 가능하게 만들지.

좋은 결과가 나오지 않았다고 실망할 필요는 없어.

가장 빛나는 보석은 열심히 하는 과정에 있으니까.

아이를 자연스럽게
독서의 세계로 이끄는 3가지 말

일단 독서는 어른에게도 결코 쉬운 게 아니며, 쉽게 흥미를 느낄 수 있는 지적 수단이 아니라는 사실을 명심해야 합니다. 아이에게는 더욱 어렵고 피하고 싶은 과정입니다. '왜 내 아이는 책을 잘 읽지 않을까?'라는 고민은 매우 당연하다는 사실을 알아야 합니다. 원래 읽는 게 어려운 거고, 읽지 않는 게 자연스러운 겁니다. '우리 아이'만 읽지 않는다고 생각하니, 읽지 않는 게 문제처럼 보이죠. 그 지점을 인정해야 비로소 아이를 행복한 독서의 세계로 자연스럽게 이끌 말을 배울 수 있습니다.

그동안 아이에게 했던 말을 어떻게 바꿔야 아이가 독서를 좀 더 편안하게 할까요?

'가능성'과 '가치', '변화'의 표현을 통해서 우리는 아이에게 매우 중요한 가치를 전할 수 있습니다. 핵심만 정리하면 다음과 같습니다.

1 아이의 가능성을 부정하지 않고,

2 다른 아이와 비교하지 않으며,

3 아이만의 변화를 추구하는 말로,

　최대한 자연스럽게 진행해 주세요.

　무엇이든 스스로 하면 놀이가 되지만, 명령하면 바로 숙제가 됩니다. 부모의 말은 최대한 명령에서 벗어나 아이를 스스로 할 수 있게 돕는 '설명의 언어'가 되어야 합니다. 독서가 왜 자신에게 좋은지, 독서가 어떤 가치를 품고 있는지,

독서를 하며 책에서 무엇을 찾을 수 있는지를 아이에게 차분하게 설명해 주면 그걸 이해한 아이는 스스로 독서를 시작할 수 있습니다.

제가 제안하는 다음 3단계 말을 외울 정도로 낭독하고 필사해 주세요. '가능의 말', '가치의 말', '변화의 말'로 구성되어 있습니다. 아이를 빨리 바꾸려 하지 말고, 최대한 시간을 두고 자연스럽게 시작해야 멋진 결과를 기대할 수 있습니다.

1단계 가능의 말

그건 너에게 아직 무리야.

형들이 읽는 책이라서, 네가 읽기에는 너무 힘들어.

→네가 원한다면 한번 읽어 보자.

모르는 글자는 넘어가고, 아는 부분만 이해하면 되지.

2단계 가치의 말

네 친구는 매일 책을 읽어서 저렇게 아는 게 많은 거야.

너도 쓸데없는 일 좀 그만하고, 가서 책이나 좀 읽어라.

→네가 하는 놀이에서도 충분한 가치를 찾을 수 있지.

그럼 이제 우리 책에서도 가치를 찾아볼까?

3단계 변화의 말

너보다 어린 동생인데 책을 저렇게 열심히 읽네.

넌 부끄럽지도 않니?

→책을 억지로 읽을 필요는 없지.

다만 읽으면 달라지는 건 분명해.

앞으로 조금씩 친해지면 어떨까?

혼자 있는 시간을 사랑하면
책과 연필을 쥐게 됩니다

많은 부모님들이 지금도 치열하게 고민하는 문제 중 하나입니다.

"어떻게 하면 아이가 책을 읽게 할 수 있나요?"

본격적으로 독서를 논하기에 앞서 야망이란 무엇인지 잠시 이야기해 보겠습니다.

"야망을 가져라!"

주로 젊은이들에게 이런 말을 자주 합니다. 욕심이 너무 심각하게 없는 아이를 볼 때면 걱정되는 마음에 야망의 필요성을 말하기도 하죠. 그러나 본질은 이 질문에 있습니다.

"야망을 이루려면 무엇이 필요한가요?"

아이들의 야망이 실제로 이루어지려면 반드시 '인내심'이 필요합니다. 인내심 없이는 그 무엇도 이룰 수 없기 때문이죠. 야망 그 자체에 집중하기보다는 인내심에 주목해서 대화를 나누는 게 좋아요. 인내심을 갖추면 무엇이든 성취할 수 있고, 그렇게 상황이 바뀌면 아이는 저절로 자신의 야망을 키우고 또 이루면서 살 수 있습니다. 언제나 껍데기가 아닌 알맹이를 봐야 문제를 해결할 수 있는 답을 찾을 수 있습니다.

같은 방식으로 이렇게 질문해 보겠습니다.

"독서와 글쓰기를 하려면 무엇이 필요할까요?"

여러분은 뭐라고 생각하나요? 의자와 책, 노트와 펜, 공간과 시간을 말할 수 있겠죠. 하지만 본질을 보면 전혀 다른 게 보입니다. 바로, 혼자를 견디는 내면의 힘이 그것입니다. 야망에는 인내심이 필요하듯 독서와 글쓰기를 제대로 시작하려면 혼자를 견딜 수 있는 탄탄한 내면이 필요합니다.

독서와 글쓰기는 혼자서 하는 지적 도구입니다. 스스로를 견딜 수 없으면 조금도 쓰거나 읽지 못하죠. 자꾸만 나가려고 하고, 같이 놀 장난감과 친구를 찾습니다. 아이들이 책을 손에 잡지 못하고 독서를 하지 않는 건, 결국 책이 재미없거나 주변 문제가 아니라, 혼자를 견디지 못하는 내면에 문제가 있는 거죠. 혼자 있는 시간을 사랑하면 모든 아이는 저절로 책과 펜을 손에 잡게 됩니다. 탄탄한 내면을 만들고 혼자 있는 시간의 가치를 느낄 수 있도록 이런 표현을 자주 들려주세요.

"여럿이 모여서 생각하는 것도 좋지만
혼자서 생각하는 시간도 참 소중해."

조금 어렵게 느껴질 수도 있어요. 그래서 더욱 아이에게 자주 들려주셔야 합니다. 어려운 것도 자주 듣고 익숙해지면 자연스레 쉽게 느껴지는 법이니까요. 아직 아이가 어려서 예시로 든 말을 제대로 이해하기 힘들다면, 말이 아닌 부모의 삶으로 보여 주는 것도 좋습니다. 이렇게 늘 방법을 생각하면, 내 아이만을 위한 적절한 방법을 찾을 수 있습니다. 지금부터 소개하는 6가지 말을 필사하며 마음에 담아 주세요.

혼자서 무언가를 오랫동안 바라본 사람은

다른 사람은 발견하지 못한 것을 볼 수 있지.

세상에서 가장 강한 사람은

힘이 센 사람이 아니라,

자신을 움직일 수 있는 사람이란다.

홀로 생각에 잠겨 주변을 둘러보면

여럿이 있을 때 보이지 않던 것들이 보인단다.

우리 저 장미꽃을 오랫동안 관찰해 보자.

그럼, 뭔가 새로운 것을 발견할 수 있을 것 같아.

차분한 마음으로

혼자 시간을 보내면

마음도 고요해지고 깊어진단다.

혼자 구석에서 무언가를 하는 사람은

자기만의 구석을 만드는 사람이지.

◆ 아이와 함께하는 하루 ◆

책을 읽으면서 지금까지 아이에게 꼭 들려주고 싶은 예쁜 말이 있다면 무엇이었나요? 다시 한번 떠올리며 적어 보세요. 그런 후에는 꼭 직접 아이에게 예쁜 말을 전해 보고 아이의 반응도 함께 적어 보세요.

부모의 예쁜 말

아이의 반응

우리는 부모가 되면서
비로소 아이의 마음을 알게 됩니다.
'내가 아이였을 때 이 마음이었구나.'
'나도 아이였을 때 이 말을 듣고 싶었구나.'

이건 매우 중요한 사실입니다.
부모가 되면서 부모 마음을 아는 게 아니라,
아이 마음을 이해하는 것이니까요.

아이 마음을 이해하며,
희망과 용기를 주는 말을 들려주며,
오늘도 서로 더 사랑하는 하루를 보내세요.

아이에게 들려주는
부모의 예쁜 말 필사 노트

1판 1쇄 펴냄 | 2024년 11월 25일
1판 3쇄 펴냄 | 2025년 1월 10일

지은이 | 김종원
발행인 | 김병준·고세규
편 집 | 김리라
디자인 | 백소연
마케팅 | 김유정·차현지·최은규
발행처 | 상상아카데미

등 록 | 2010. 3. 11. 제313-2010-77호
주 소 | 서울시 마포구 독막로6길 11, 2, 3층
전 화 | 02-6953-7790(편집), 02-6925-4188(영업)
팩 스 | 02-6925-4182
전자우편 | main@sangsangaca.com
홈페이지 | http://sangsangaca.com

ISBN 979-11-93379-41-7 (03590)